AF261737

LA GUYANE

AU PAYS DE L'OR
DES FORÇATS
ET DES PEAUX-ROUGES

PAR

LE DOCTEUR J. TRIPOT
MEMBRE DE LA SOCIÉTÉ DE GÉOGRAPHIE DE PARIS

Avec vingt-six gravures hors texte

Deuxième édition

PARIS
LIBRAIRIE PLON

PLON-NOURRIT et Cⁱᵉ, IMPRIMEURS-ÉDITEURS
8, RUE GARANCIÈRE — 6ᵉ

Tous droits réservés

AU PAYS DE L'OR, DES FORÇATS

ET DES PEAUX-ROUGES

LE DOCTEUR TRIPOT

LA GUYANE

AU PAYS DE L'OR
DES FORÇATS
ET DES PEAUX-ROUGES

PAR

LE DOCTEUR J. TRIPOT

MEMBRE DE LA SOCIÉTÉ DE GÉOGRAPHIE DE PARIS

Avec vingt-six gravures hors texte

Deuxième édition

PARIS

LIBRAIRIE PLON

PLON-NOURRIT ET Cⁱᵉ, IMPRIMEURS-ÉDITEURS

8, RUE GARANCIÈRE — 6ᵉ

AU LECTEUR

Le 11 juin 1907, une mission d'études scientifiques organisée sous le patronage de la Société de Géographie de Paris, et avec l'approbation du Ministère des Colonies, prenait passage à Saint-Nazaire à bord du paquebot *la Normandie.*

Cette mission, dite « de la haute Guyane », devait agir dans le haut Maroni. Son programme comportait spécialement l'exploration des deux rivières l'Itany et l'Araoua, qui se jettent dans le Maroni, et prennent, croit-on, l'une et l'autre, leur source dans une chaîne de montagnes encore peu connue, les Tumuc-Humac.

Composée de cinq membres, deux lieutenants de vaisseau : MM. Dutertre et Delteil, et trois docteurs : MM. Caron, Tripot et Saillard, l'expédition devait se scinder en deux groupes; l'un remonterait le cours de l'Araoua, l'autre se dirigerait vers les sources de l'Itany. Chacun des « missionnaires » se confinerait, se spécialiserait dans les études et observations s'accordant avec ses aptitudes professionnelles. Les marins assumeraient la tâche des relevés topographiques, de la géodésie et de la cartographie. Aux médecins seraient dévolues les recherches ayant trait à la faune, à la flore, à la minéralogie et à l'ethnologie des régions parcourues.

Mais nous avions compté sans la fièvre qui, fatalement, atteint l'Européen dans ces contrées malsaines. Dès les premières semaines du voyage, elle vint détruire l'ordonnance de ce plan d'études où chacun avait un rôle approprié à ses connaissances particulières. Gravement atteints dans leur santé, MM. Delteil et Caron durent aller se rétablir sous un climat moins inclément et abandonner le champ de l'exploration. Il fallait remédier au vide occasionné par leur départ. Comme nous avions, les uns et les autres, une instruction générale nous permettant de faire face, à peu près, à toutes les éventualités, il fut décidé que la répartition du travail cesserait désormais d'être limitée et individuelle, et que chacun se livrerait dorénavant à toutes les investigations et constatations intéressantes qui découleraient des événements et incidents de route.

... Nous débarquons à Cayenne, dont l'estacade mutilée et le port envasé sont du plus attristant aspect, le 30 juin, à la tombée de la nuit. Sans trop tarder, nous montons à bord d'une goëlette, une « tapouille » selon l'expression consacrée ici, qui est en partance pour Saint-Laurent. Elle s'appelle *la Volante*, mais ne répond guère au qualificatif dont on l'a baptisé. Enfin, malgré sa lenteur, elle nous dépose au but, après cinq jours de mer où roulis et tangage furent ce qui manqua le moins.

Nos approvisionnements, le recrutement de nos hommes et le conditionnement de nos pirogues étant effectués, nous quittons Saint-Laurent le mercredi 24 juillet, avec une flottille de huit canots. Une moitié sera pilotée par des Boschs que, sur l'injonction du commandant hollandais d'Albina, nous amène leur chef, leur grand Man, Osséissé « van Oterloo » (1) en personne, orné de son hausse-col en cuivre argenté où font relief deux têtes de nègre; l'autre moitié est montée par des Bonis (2).

Nos chargements de vivres et de munitions diverses ne sont pas répartis d'une façon complètement satisfaisante. Qu'importe : dans ce pays où tout se fait à coup de fièvre, la perfection n'existe point et nous partons quand même, quitte à souffrir en cours de route de l'organisation quelque peu défectueuse qui préside au départ.

Nous faisons, vers le 10 août, une halte de quelques jours à Pomofou, village de notre guide,

____

(1) Titre que lui ont octroyé les Hollandais.
(2) Bonis et Boschs sont des nègres de même race et de mêmes mœurs. Les Boschs reconnaissent l'influence hollandaise, les Bonis sont sous la protection française : c'est là tout ce qui les différencie.

le capitaine boni, Aponchy. Nous profitons de cette halte sur le Maroni, pour aller visiter le grand Man des nègres Bonis qui habite un village presque adjacent à celui d'Aponchy. Ce grand Man, ce chef suprême des Bonis, est une manière de sauvage malpropre et peu intéressant. Cet... énorme (!?)... personnage est mécontent de n'avoir pas été prévenu à l'avance du passage de notre mission : Il aurait voulu nous recevoir officiellement..., avec tout l'apparat dont il peut disposer... Au fond il est surtout furieux de la nomination de « capitaine » que nous avons obtenue du gouverneur pour Aponchy. Il pressent que c'est là une puissance qui contrebalancera la sienne..., et, comme c'est notre œuvre, il nous en a mauvais gré et nous gardera rancune...

Le 20 août, nous sommes enfin au confluent de l'Ouaqui et de l'Araoua. C'est là que nous établissons notre quartier général, notre point de ralliement, notre centre d'approvisionnement. Nos nègres, en quelques jours, défrichent cet endroit, y font un abatis convenable, y élèvent des carbets qui nous serviront de logements provisoires et de magasins où remiser notre matériel et nos provisions.

Pendant qu'une partie de nos hommes se livre à ces travaux de débroussaillement et de construction, nous remontons, avec les autres, le cours de l'Ouaqui. Nous y rencontrons quelques rares chercheurs d'or; point d'Indiens. Nous rallions notre abatis au bout d'une semaine.

Enfin, tout est paré. L'on décide que notre compagnon, le lieutenant de vaisseau Dutertre, explorera l'Araoua avec une équipe de huit hommes, dont quatre Cayennais rompus à la vie des bois, et quatre Guadeloupiens. Deux de nos gens, le martiniquais Saint-Just, un des rares survivants de la catastrophe de Saint-Pierre, et Aimable Dezir, un nègre anglais de Sainte-Lucie, demeureront affectés à la garde du dépôt de vivres.

Le docteur Saillard et moi partirons, avec deux pirogues et des subsistances pour plusieurs mois, dans la rivière Itany, que nous parcourrons, si faire se peut, jusqu'à ses origines, c'est-à-dire jusqu'à la chaîne des Tumuc-Humac, massif de montagnes jeté comme une immense borne-frontière entre les Guyanes française et hollandaise et le Brésil.

Sur les rives de l'Itany sont cantonnées des tribus indiennes, descendant des antiques Caraïbes et de mœurs encore primitives et sauvages, que l'on désigne sous le nom de Roucouyennes.

C'est la description de mon voyage parmi eux, le récit d'événements où je fus mêlé, et l'énoncé d'impressions essentiellement personnelles que j'ai consignés, avec toute la sincérité possible, dans les notes qui vont suivre.

Il existe, en plus du Peau-Rouge, deux autres types d'hommes qui contribuent à l'originalité de la Guyane : ce sont les Boschs et Bonis, race de piroguiers qui vivent au bord des fleuves, sur la lisière des forêts vierges, et qui sont les descendants de nègres marrons qui s'évadèrent au temps de l'esclavage; puis les chercheurs d'or dont le prototype se condense de la façon la plus expressive dans les « Maraudeurs », ces noirs de Cayenne et des Antilles qui, à trois ou quatre, au prix de fatigues et de dangers inimaginables s'en vont, au fond des bois, à la découverte des criques qui recèlent l'or. J'ai eu, pendant la montée du Maroni, des rapports fréquents et des frottements répétés avec les uns et les autres, qui me mettent à même de tracer avec exactitude leur âpre silhouette, bien digne du cadre merveilleux et rude où s'agite leur existence aventureuse.

Il y a enfin une quatrième espèce d'individus, d'importation celle-là, dont on ne peut se dispenser d'ébaucher l'inquiétant et attristant profil, quand on traite des choses de Guyane : c'est le forçat. Triste cadeau que nous fîmes à notre possession américaine, car, avec les bagnes, ce fut le discrédit et aussi la ruine que nous importâmes dans la colonie. Je me garderai bien, n'ayant pas la compétence d'un spécialiste en la matière, de porter un jugement quelconque sur le fonctionnement de nos administrations pénitentiaires, mais, soit dit en passant, il est navrant de constater qu'avec notre mode de répression, le bagnard, cet être qui a déjà lésé la collectivité au temps fâcheux de sa liberté, continue, après sa déportation, à être à charge à l'élément honnête de la nation. Un transporté — pourquoi ne pas l'appeler plutôt un... pensionné — coûte, le fait bien que scandaleux est notoire, plusieurs francs par jour à la métropole. Or, à la Guyane, ils sont six mille déportés : c'est là, on est obligé d'en convenir, une façon singulière et bien impropre de faire payer à un criminel ce qu'on appelle... sa dette envers la société.

Mais mon but n'est point la récrimination. Je relaterai simplement quelques épisodes, quelques scènes du bagne où se puisse révéler dans sa crudité, la fauve, brutale et sinistre mentalité de cette race de réprouvés dont la révolte, toujours incessante et indomptée, se courbe et plie, quand même dominée, sous le regard inexorable et l'attitude résolue et décisive du surveillant.

Je terminerai cet ouvrage par l'adjonction de quelques légendes qui m'ont paru de nature à intéresser le lecteur : ces légendes, je les ai recueillies dans un village d'Indiens Emerillons où je vécus quelques semaines avant de redescendre le Maroni et d'effectuer mon retour chez les civilisés...

... Je n'ai point voulu, — il est bon qu'on le sache; — faire au cours de ces pages de la technique aride, de la sèche didactique (1) : mon but, très simple, sera pleinement atteint et mon ambition, très discrète, entièrement satisfaite si, après avoir parcouru ces feuillets, le voyageur, que les hasards de son existence porteront au pays de l'or, des forçats et des Peaux-Rouges, s'y peut comporter, à l'arrivée, non en dépaysé qui ignore et s'inquiète, mais en initié qui, dès le premier pas, se sentira en terrain déjà pressenti et entrevu.

Dʳ J. T.

(1) Je me réserve de consigner, dans un ouvrage spécial qui paraîtra dans la suite, le résumé d'observations et d'expérimentations professionnelles ayant trait aux remèdes et procédés curatifs, qu'empruntent à la flore de leur pays les indigènes des contrées que j'ai parcourues.

EN VUE DES ILES DU SALUT : LA *LOIRE*
DÉCHARGE SA CARGAISON DE FORÇATS

UNE CORVÉE DE FORÇATS LONGEANT LA PLACE
DES PALMISTES, A CAYENNE

AU

PAYS DE L'OR, DES FORÇATS

ET DES PEAUX-ROUGES

CHAPITRE PREMIER

Les Iles du Salut. — Types de forçats et types de surveillants. — Le bourreau des Iles et sa guillotine perfectionnée. — Drames et crimes passionnels au bagne. — Les évadés et la fin qui les attend. — Comment on vit à Saint-Laurent.

Les toiles de la *Volante* qui, de Cayenne, se dirigeait sur Saint-Laurent, pendaient flasques, molles et dégonflées. Après d'inutiles bordées pour retrouver une brise qui n'existait plus, le capitaine, un homme de couleur, fit jeter l'ancre. Nous étions immobilisés, proche des îles du Salut, pour plusieurs heures au dire du pilote coutumier de ces parages où la navigation à voile est, plus que partout ailleurs, tributaire du caprice des vents. Complaisamment, le commandant de la goëlette nous proposa de profiter de cette accalmie pour aller jusqu'à l'île Royale. Le canot mis à l'eau, j'y embarquai en compagnie d'un négociant très estimé dans toute la Guyane, M. Lalande, qui possède un comptoir des plus importants à Saint-Laurent. Cet homme, de relation charmante, et connaissant de longue date le personnel dirigeant des îles, s'engageait à nous faciliter la visite des établissements pénitentiaires. La « Royale », où sont cantonnés les criminels de marque et les « incorrigibles », la « Saint-Joseph » dite l'île du Silence (1), et l'île du Diable (2), de désavantageuse mémoire, forment un archipel minuscule qui serait, pour la population de Cayenne, une station de villégiature des plus attrayantes et des plus saines, si le gouvernement n'eût accaparé ces trois îlots comme centre de déportation (3). Un lieutenant de vaisseau, dont je tairai le nom par discrétion, s'était joint à nous. Il revoyait, avec une certaine satisfaction, ces lieux dont les habitations pittoresques et légères,

(1) On désigne ainsi l'île Saint-Joseph, parce qu'elle renferme un édifice spécial, où dans l'isolement et le silence sont encellulés des déportés qui ont commis des crimes au bagne. Les surveillants ne doivent communiquer avec ces prisonniers que par geste ou par écrit, jamais par la parole : la voix humaine est inexorablement proscrite de ce lieu de détresse et de châtiment.

(2) L'Ile du Diable sert actuellement de résidence à l'espion Ulmo, qui y fut amené en août 1908, par le *Loire*, spécialement affrétée et aménagée pour le transport des condamnés.

(3) Aux Iles du Salut sont spécialement cantonnés les virtuoses du crime, les héros de cours d'assises, ceux dont la presse est encore susceptible de s'occuper de temps à autre. Placés directement sous l'œil de la haute administration pénitentiaire, ceux-là ne sont pas des plus malheureux : sainement nourris, confortablement logés, bien soignés en cas de maladie, ce sont des privilégiés!

Tout autre est le sort de ceux qui ne furent que des rôles secondaires et dont la condamnation passa inaperçue. Les sujets de cette tourbe anonyme qui n'excitèrent jamais ni intérêt ni curiosité, sont répartis dans les différentes stations agricoles et forestières, la plupart fort insalubres, mal approvisionnées et où la mortalité les fauche en grand sans que cela tire à conséquence, puisque nul journaliste ne s'en préoccupera.

En somme, quelque illogique et injuste que cela paraisse, cette constatation s'impose que, tant qu'à être au bagne, mieux vau que ce soit pour un forfait retentissant que pour un méfait banal

aux couleurs vives se détachant sur les verdures de la végétation tropicale, évoquaient chez moi le souvenir des plages gaies et ensoleillées des côtes de Bretagne et de Normandie.

« Ce n'est pas la première fois que je passe par ces endroits, me dit le lieutenant; j'y stationnai lors de la détention de Dreyfus. J'étais à bord de l'aviso *le Jouffroy*, un antique bateau à palettes, aujourd'hui bien démodé et qui sera sous peu mis au rancart pour cause de vétusté irréparable (1). Ah! ce que je les ai vues et revues, ces îles autour desquelles nous croisâmes pendant des mois pour surveiller les agissements d'embarcations problématiques qui auraient pu tenter l'enlèvement de celui qu'on appelait le « traître »!... Voyez cette espèce d'édifice en forme de pylone qui s'élève à la pointe de l'île du Diable : à son faîte, sur un pivot mobile, était disposé un canon-revolver qui évoluait dans toutes les directions. Jour et nuit, un canonier était préposé à sa manœuvre avec ordre de tirer sur tout bateau qui dépasserait la zone permise. Bien des précautions superflues, bien des hommes mobilisés pour rien, car une évasion de l'île du Diable n'eût réellement pu s'effectuer qu'avec la complicité de l'administration intérieure. Toute tentative de provenance extérieure ne pouvait être que vaine et stérile. Et puis,

---

(1) C'est chose faite : le *Jouffroy* est mis au rancart, sans avoir été d'ailleurs remplacé, et en dehors des gendarmes coloniaux, il n'existe plus aujourd'hui en Guyane que quelques escouades d'infanterie de marine recrutées parmi les noirs des Antilles et absolument incapables d'assurer l'ordre : si bien que les forçats, s'ils savaient s'entendre, pourraient sans grandes difficultés ni grands sacrifices d'hommes devenir les maîtres sinon de la colonie entière, du moins des îles isolées du Salut, le jour où ils le voudraient.

les requins ne sont-ils pas là qui constituent la garde la plus effective. A moins de chercher une mort inévitable sous la mâchoire terrible des squales, qui foisonnent en ces parages, jamais un condamné ne se risquera dans ces eaux : un homme à la mer, un homme à la nage, est un homme perdu, dévoré. Il faut les voir ces bandes de carnivores quand survient un décès!... Le cadavre, mis pour la forme dans une bière entr'ouverte sur le côté, est conduit en mer à quelques mètres du rivage. Le gardien agite une sonnette pendant cette sortie funèbre. A peine ce signal lugubre se fait-il entendre que des ailerons noirs apparaissent et émergent de toutes parts aux alentours de la barque. Ce sont les requins, les croque-morts de la mer, dont l'éducation n'est plus à faire : avertis par le son traditionnel de la cloche, ils accourent à la curée et, à peine le corps a-t-il glissé du cercueil à l'eau, qu'il est déchiqueté, dépecé, dégluti par le troupeau vorace. Les condamnés, d'ailleurs, avec une bravade qui sent sa geôle, ont tiré, de ces funérailles spéciales aux îles, une industrie macabre et quelques-uns ne manqueront pas de vous offrir, en échange de paquets de tabac ou de menues pièces de monnaie, des mâchoires de requins sur lesquelles ils ont gravé à la pointe du couteau ces simples mots suffisamment expressifs dans leur concision : « Le tombeau du forçat. »

Donc, le requin est le plus sûr policier de ces parages maudits. Je me souviens toujours, continua le lieutenant, d'un évadé qui fut repris après vingt-quatre heures de mer et réintégra la prison à demi mort d'effroi. Le misérable avait réussi à fuir dans le cercueil des morts qu'il avait au préalable quelque peu calfaté. A peine en mer, il n'avait cessé d'être escorté par une demi-douzaine d'énormes squales qui n'attendaient que le naufrage de son instable et frêle refuge, pour s'en repaître tout vivant. Celui-là fut un des rares fugitifs qui accueillit avec un soupir de soulagement les gardes qui, en opérant sa capture, le délivrèrent de ses redoutables acolytes. »

... Etrange est l'impression première que l'on ressent, quand on pénètre dans ces milieux de rélégation : ces hommes au visage rasé qui vont, viennent, circulent sans hâte, silencieux, uniformes sous la livrée honteuse, produisent l'effet de moines qui marcheraient plongés dans de mystiques méditations. On se croirait, sans grand effort d'imagination, dans une trappe, un couvent, une sorte de thébaïde, un asile de repos, de calme, de paix : apparence trompeuse, car sous ces crânes tondus, ce n'est pas précisément la résignation qui domine, mais la révolte qui règne et fermente. Et si, durant le jour, les condamnés paraissent soumis, dociles et convenables sous les yeux vigilants et le poing armé des gardiens, il en est tout différemment la nuit, quand, après l'appel du soir, ils sont parqués, livrés à eux-mêmes jusqu'au lendemain, sous clef mais sans surveillance aucune, dans les cachots-dortoirs. C'est alors que le rut des instincts pernicieux s'étale dans toute sa perversité et il est nombre de déportés dont la gangrène morale n'est pas encore telle, qu'elle puisse s'accommoder sans dégoût, sans nausée, de cette révoltante promiscuité. Dans ces nocturnes bacchanales, le bandit le plus fort donne le ton, fait la loi, et d'écœurants personnages imposent à leurs voisins le spectacle et l'exemple des ignominies les plus honteuses. C'est là, dans ces chambrées vicieuses, qu'existe le véritable foyer, le réel «contage» de la dépravation reprochée au bagne. Plutôt que de subir ce véritable supplice des nuits en commun, il n'est pas rare de trouver certains coupables d'ordre passionnel ayant encore quelque souci de leur dignité, qui réclament comme une grâce la faveur d'être soumis au dur régime de la cellule solitaire.

... Au centre de l'île s'élève un vaste établissement avec une cour centrale, tout autour de laquelle sont disposées des séries de cellules juxtaposées. C'est là que sont enfermés les incorrigibles, les irréductibles, dont quelques-uns, à travers leurs barreaux, tels que des fauves enragés, déversaient, sans nul souci des châtiments, à l'adresse du fonctionnaire qui nous servait de guide, les épithètes les plus injurieuses. Devant l'un des cachots nous fîmes halte.

— Ouvrez, dit notre cicérone à un gardien; voyez, voici le seul instrument dont ces forcenés ont encore une crainte salutaire. Le jour où l'on supprimera cet outil, ce sera l'anarchie dans les bagnes et, décuplerions-nous nos gardiens, cela n'empêchera pas la discipline d'avoir vécue, la répression d'être impossible.

Je regardai. Au fond, là, dans la pénombre, se profilait la guillotine dont le couteau brillait haut perché sur le squelette de sa charpente...

Nous quittâmes angoissés, ce lieu de malédiction.

Le lieutenant de vaisseau rompit le silence :

— Qu'est donc devenu le père Chaumié, le bourreau? demanda-t-il.

— Il est à l'hôpital, malade, atteint de lèpre, lui fut-il répondu.

— Comment, lépreux, M. Chaumié, ma vieille connaissance! s'exclama l'officier. J'avais toujours cru que seuls les indigènes de la colonie étaient sujets à cette affection, mais que la race blanche y échappait (1).

— Capitaine, dis-je à l'officier de marine, vous savez sûrement quelque histoire sur le bourreau des îles. Je ne vous en fais pas grâce.

— Comptez sur moi, répondit mon compagnon. Quand nous aurons réintégré la *Volante*, je vous conterai, pour abréger la fin de la route, l'épisode très macabre dans lequel Chaumié et moi fûmes acteurs, à des titres différents, s'entend.

A ce moment, un adolescent s'avança, la mine embarrassée, l'attitude craintive, l'œil suppliant. Il expliqua qu'il faisait partie d'un convoi de condamnés qu'on allait entasser le soir même, dans l'entrepont du *Fagersand*, un vapeur en rade qui déchargeait une cargaison de bœufs provenant du Vénézuéla et devait de suite la remplacer par une soixantaine de forçats destinés à Saint-Laurent : de là, ces hommes seraient répartis dans les camps forestiers et les postes agricoles. Ce garçon, à ce qu'il prétendait, avait peine à se tenir debout, il souffrait de douleurs dans les jambes et, en fin de compte, suppliait qu'on ajournât son départ.

— Avez-vous passé à la visite du médecin et vous a-t-il reconnu incapable de faire ce voyage? ... Non? Eh bien vous partirez, trancha le fonctionnaire.

— Pauvre diable, prononçai-je malgré moi.

— Ne vous apitoyez pas sur le sort de ce néophyte du crime, fit notre guide; s'il redoute d'aller à Saint-Laurent où la discipline est moins serrée et les évasions commodes, c'est pour un tout autre motif,

_____

(1) Chaumié est mort à la léproserie de Kourou : plusieurs coups de couteau que lui octroyèrent des forçats lépreux comme lui contribuèrent plus que la maladie à amener sa fin.

croyez-m'en, que celui qu'il invoque (1). Considérez l'individu. Examinez la blancheur de ses mains, voyez ses allures efféminées : il fait partie de cette catégorie équivoque que nous appelons ici des « demoiselles ». Cette sorte de pensionnaires travaillent peu : ils allient leur sort à celui d'un compagnon de servitude plus rustique, plus apte aux rudes besognes et tout disposé à faciliter la mollesse du camarade, en prenant pour son compte, et à sa seule charge, les tâches qui effraient la nonchalance de l'autre. En échange, la... « demoiselle » se prête à certaines complaisances sur la nature desquelles je me garderai bien d'insister.

---

(1) Les forçats sont passés maîtres dans l'art de simuler les maladies. Voici une anecdote piquante dont je fus témoin qui le démontre et prouve aussi combien dans certains cas la vie est dure pour le condamné :

Une tapouille chargée de couac, à destination de Cayenne, descendant de l'Oyapock, longeait la côte. D'un poste agricole on lui fit des appels de détresse. Il s'agissait de trois hommes presque agonisants que le gardien-chef désirait rapatrier sur Cayenne et que le capitaine n'accepta à son bord qu'après de vives hésitations et à son corps défendant : « Que voulez-vous que je m'embarrasse de ce trio de cadavres ? arguait-il, ce sont là gens à toute extrémité; avant deux heures ils seront morts et il me faudra les jeter à l'eau!... » Enfin, abrités sous une toile, les trois moribonds furent étendus côte à côte sur le pont... Lorsqu'on eut repris le large, l'un d'eux, soulevé sur son coude, roula une cigarette, l'alluma sans bruit et se mit à fumer en tapinois; ses deux compagnons l'imitèrent. A bord, la compassion fit place à la stupéfaction. On interviewa les ressuscités : « Nous étions si misérablement nourris, expliquèrent-ils, que littéralement la faim nous faisait périr à petit feu. Pour sortir de ce lieu de famine, nous avons résolu de nous priver totalement de nourriture jusqu'à tomber d'inanition : nous escomptions d'ailleurs le prochain passage de votre bateau et le désir qu'auraient nos surveillants de se débarrasser de nos inutiles carcasses en vous les confiant. Notre projet a pleinement réussi puisque nous voilà à votre bord et en route pour l'hôpital où nous pourrons enfin manger à peu près à notre faim... »

« Le bagne enfante de ces intimités... (les Alle-
mands ont trouvé le mot qui sied pour les qualifier)
qui surexcitent parfois la passion jusqu'au meurtre :
ainsi, il y a quelques mois, nous eûmes à juger, dit
notre conducteur, un vieux déporté qui avait occis
un jeune camarade confident de sa malsaine amitié.
Le jeune forçat, empoigné par le spleen de la liberté,
avait pris la résolution de s'évader. « Ne me laisse
point, ne me quitte point, ne m'abandonne point »,
avait supplié l' « ancien ». L'autre était demeuré
inébranlable. Le vieux avait paru se résigner. Il
avait même confectionné pour le fuyard un paquet
de provisions prélevées sur sa maigre ration quotidienne. Il lui avait également fait don de son unique
paire de chaussures. « Prends-les, avait-il insisté, ils
« valent mieux que tes mauvais souliers qui ne te tien-
« dront plus aux pieds au bout de deux jours de brousse.»
Le moment de la séparation venu, ils se donnèrent
l'accolade; mais, en cet instant, une jalousie inexplicable et monstrueuse affola le vieux qui touchait
à fin de bagne et ne pouvait songer à suivre le jeune
homme dans sa fuite.

« — Tu vas à la mort, dit-il, ou à une aggravation
« de peine. Il n'y a pas de milieu, tu le sais. Sur cent
« évadés, quatre-vingt-dix-neuf meurent de faim dans
« les bois ou sont repincés par la chiourme. Dans les
« deux cas, c'est la séparation inévitable entre nous...
« Reste... Il en est encore temps... Ton éloignement
« me tuera, reste si tu as quelque affection pour ton
« vieux compagnon.

« — Tes pleurnicheries n'y feront rien... Je pars,
« dit l'autre. »

« — C'est ton dernier mot? »

« — Oui. »

« — Eh bien meurs donc, hurla le vieil homme
« en lui plantant son couteau sous les côtes. »

« On accourut. L'assassin tenait étroitement enlacé
sa victime et sanglotait éperdu sur le corps de l'agonisant.

« Comme explication de son acte, le meurtrier se
contenta de dire : « Je tenais à lui plus qu'à moi-
« même. C'est le seul être que j'ai jamais aimé et je
« l'aimais au delà de tout; mais je préfère encore qu'il
« soit mort que de le savoir vivant autre part qu'avec
« moi. »

« Le héros de ce déconcertant roman passionnel
trouva des circonstances atténuantes dans la pitié
des juges. On lui fit grâce de la guillotine, qu'il ne
cessa d'ailleurs de réclamer au cours des débats comme
un terme normal, tout indiqué, de son désespoir. »

. . . .

... Cependant, une brise tiède et chargée de sen-
teurs marines commençait à se faire sentir. Il était
urgent de regagner notre embarcation, et nous nous
acheminâmes, mélancoliques, vers la jetée. Les surveillants procédaient à l'appel du soir. J'entendis
des noms qui furent des célébrités d'assises. L'un
d'eux, qui sonna connu à mon oreille, était celui d'un
jeune homme (1) d'excellente origine, devenu empoisonneur par amour. Je regardais son titulaire, un
grand garçon d'aspect plutôt sympathique.

— C'est un sujet maniable, me dit notre guide.
D'ailleurs vous voyez d'après les insignes épinglés
au devant de son bourgeron, qu'il est porte-clefs.
C'est une distinction et une preuve de bonne conduite.
Nous l'avons gratifié d'un poste de confiance : de cet

(1) Ulbach.

empoisonneur, ne vous étonnez point, ni ne vous récriez, docteur — on est très paradoxal dans notre milieu bizarre — de cet empoisonneur donc, nous avons fait un... pharmacien. C'est lui qui manipule les remèdes, prépare les potions et fabrique les pilules pour l'infirmerie. Cet autre à côté, cet homme blond qui porte binocle et conserve sous sa blouse une arrière-élégance de boulevardier, est l'escroc fameux (1) qui sut mener de front le vol et l'amour avec une maëstria peu banale. Son idyllique randonnée sur les océans fut célébrée à l'égale d'une épopée des mille et une nuits dans les gazettes des deux mondes; j'en ai fait mon secrétaire et mon comptable. Dans ses moments de loisir, il versifie dans le genre élégiaque, ce qu'il appelle... ses malheurs. Outre ceux-là qui constituent notre aristocratie, nous possédons de la quintessence d' « apaches ». Cet individu courtaud et taillé en force, au col de taureau, est Manda. Il nous sert de maçon (2). Ce n'est pas une nature foncièrement mauvaise et il vaut mieux que son émule et rival dans les bonnes grâces de Casque d'Or, que Leca. Ce dernier est un gringalet absolument réfractaire à tout travail régulier. Il accepte de pêcher des crevettes et des langoustes le long des rochers. Il prétend que cet exercice seul l'empêche de trop regretter les fortifs de la capitale. Nous avons dû, pour le séparer de Manda, le séquestrer dans l'île Saint-Joseph; car, chose étrange, sous ce climat qui déprime les volontés, atténue les regrets et débilite en même temps les haines, ces deux hommes, Leca et Manda, ne peuvent s'apercevoir, se rencontrer,

(1) Il s'agit de Gallay, qui fut depuis rapatrié en France, sur la *Normandie.*

(2) Il fut ensuite nanti de la fonction d'infirmier.

sans foncer de suite comme deux brutes l'un sur
l'autre dans une réciproque et irrésistible poussée
de destruction : en une vision de meurtre, la femme
aux cheveux d'or est toujours entre eux, qui se dresse
implacable et exigeant du sang!...

Cette figure à part, là-bas, dénuée, semble-t-il, de
malice et de méchanceté et toute en résignation, est
celle du paysan Brierre, assassin de ses enfants!... C'est
un solitaire se refusant à toute camaraderie, un taci-
turne qui ne rompt son mutisme accoutumé que pour
proclamer et affirmer son innocence!... Qui jamais
devinera le mystère non déchiffré de cette conscience
de rustre? Qui jamais saura saisir à travers la cornée
morne et sans éclat de ces yeux ronds et effarés de
bovin, le secret du forfait épouvantable dont cet
homme est réputé l'auteur?

.   .   .   .

... La nuit s'était faite. Sur le pont de la goëlette
et sous la lueur des étoiles, je m'assis au côté du
lieutenant qui, de très bonne grâce, après avoir
allumé un cigare, se mit en frais de satisfaire ma
curiosité.

« J'ai connu Chaumié, le bourreau, commença-t-il,
alors qu'enseigne de vaisseau, je me trouvais affecté
par mon service à de fréquents séjours dans les îles.
Cet homme m'intéressa, au début, par les dehors
bourgeois et la bonhomie qu'il affectait : « La fatalité,
« monsieur, répétait-il presque toujours au début de
« chaque entretien; la fatalité, nul n'y échappe. J'en
« sais quelque chose, car je suis un brave homme,
« moi, monsieur, tout condamné que je sois... Je
« fus, à mon sens, victime d'un tribunal qui ne sut
« point comprendre mon cas... » Et la litanie des récri-
minations commençait : « On fait le métier qu'on

« peut, n'est-il pas vrai? J'étais lutteur, moi, et un
« honorable lutteur, correct dans mes coups, loyal
« dans mes prises de corps. Nul dans le Dijonnais,
« où je me suis produit et où j'ai exercé brillament,
« n'oserait prétendre le contraire. J'avais une femme
« qui faisait la quête et maniait assez bien le fleuret.
« Sous son maillot de parade, aussi bien le jour que
« le soir à la clarté des torches, elle produisait bel
« effet. Elle eut des admirateurs, c'est obligatoire
« dans le métier de banquiste. Je suis un être sociable :
« je n'y attachais point plus d'importance qu'il ne
« faut. Malheureusement, un jour, une nuit plutôt,
« que j'avais bu peut-être un peu plus qu'il convient,
« — on n'habite pas impunément un pays où le
« vignoble est supérieur, — j'aperçus, en rentrant
« dans ma roulotte, étendu sur ma couche auprès
« de ma fautive compagne, un jeune godelureau,
« un bourgeois, qui eût mieux fait de se trouver
« ailleurs, l'imprudent! Je n'étais pas allé le chercher
« et je n'avais pas ma tête à moi. J'oubliai ma dou-
« ceur accoutumée et, sans réfléchir aux conséquences,
« j'eus... un geste malheureux : j'octroyai au pauvre
« diable un regrettable coup de couteau dont il
« mourut. Il y a de ça longtemps déjà, monsieur.
« Je passai aux assises et je fus condamné alors qu'à
« l'époque d'aujourd'hui, n'importe quel jury de
« France et de Navarre m'acquitterait haut la main,
« car je n'avais fait que venger mon honneur, achevait
« M. Chaumié sur un ton déclamatoire et avec un
« geste théâtral : Et pourtant, voilà pourquoi je suis
« devenu bagnard, monsieur. »

« En ce point de son récit, M. Chaumié émettait un
profond soupir, puis humait une vaste prise de tabac.

« Il n'ajoutait pas, le paterne et débonnaire M. Chau-

mié, mais je m'étais informé et je le savais, que
l'homme étant trépassé, il avait réfléchi qu'il n'y
a pas de petit bénéfice à dédaigner et, — comme
l'argent n'est plus d'aucune utilité à un mort, —
il avait complété ce qu'il appelait avec beaucoup d'eu-
phémisme et de décence « son geste malheureux »,
par la subtilisation à son profit de la montre et du
portemonnaie de l'importun cadavre.

« Cette narration se renouvelait invariablement à
chacune de nos entrevues et non moins invariablement, quand c'était fini, je m'exclamais pour ma
part en manière de consolation :

« — Que voulez-vous, monsieur Chaumié, il faut
« savoir s'incliner et nul n'évite sa destinée.

« Ma phrase compatissante satisfaisait et calmait
M. Chaumié qui reprenait son histoire : « Mais j'étais
« un bon sujet, doux comme un agneau et on sut
« vite m'apprécier dans ma nouvelle position. Au
« bout de peu de temps, j'eus l'honneur d'être avan-
« tagé d'un office de confiance. J'ai omis de vous
« dire que j'avais été garçon boucher avant d'exercer
« la lutte : L'administration me nomma *exécuteur.*
« Je n'étais plus un vulgaire condamné, j'étais presque
« réhabilité, je devenais un fonctionnaire. J'aime
« mon métier, monsieur, — un homme doit tou-
« jours aimer sa profession — et, j'ose le dire, j'ai
« perfectionné mon art. J'ai une méthode à moi
« pour trancher une tête qu'ignorera toujours votre
« Deibler de France, un pusillanime, un exécuteur
« sans doigté, sans imagination, un piètre confrère
« en somme, et qui, sans aides, serait incapable de se
« tirer d'affaire. Moi, je travaille seul, sans l'assistance
« de personne grâce à mon procédé dont je reven-
« dique hautement l'invention et que j'ai appelé le

« *coup du Gaviot* (*sic*) (1). Voilà : quand un sujet a
« le cou dans la lunette, presque toujours il se montre
« indocile, impatient; il se rebiffe avec inquiétude, il
« ratatine son torse, ramasse ses reins, rentre sa tête
« dans les épaules... Qu'arrive-t-il? que le couperet en
« tombant fait une vilaine section qui entaille trop
« haut sur la nuque. Souvent l'occiput est incisé et
« presque toujours la mâchoire abîmée... l'ouvrage
« est mal fait... le fil de l'outil ébréché... Or j'évite,
« moi, tous ces inconvénients de la façon la plus simple
« du monde, mais encore fallait-il y songer : j'installe
« un poids d'un demi-kilo, — ni plus ni moins, — au
« haut de la machine. Au moment psychologique —
« vous suivez mon explication — je déclanche mon
« poids. Il tombe à pic sur la tête de l'opéré. *Etonné*
« par le coup — c'était l'expression de M. Chaumié,
« — le patient se détend instantanément, il cesse de
« se roidir, son cou revient à la normale, le couteau
« s'abat et j'obtiens une de ces *coupures* nettes, admi-
« rables, devant laquelle on ne peut que s'extasier
« quand on est connaisseur. »

« ... A quelque temps de là, continua l'officier, je
me trouvai à même de juger, en toute connaissance
de cause, du mode opératoire de Chaumié. Mais n'anti-
cipons pas : la succession des faits se présente à
moi avec une précision qui m'impressionne encore.
Un soir — inoubliable — nous fétions entre camarades l'anniversaire des vingt-cinq ans d'un jeune médecin major de l'île. Il s'appelait Acquarone. C'était un
Corse doux comme une fille, très humain pour sa clientèle spéciale. Après avoir sablé le champagne en son
honneur, nous l'avions laissé sur l'heure de minuit

(1) Gaviot — on dit aussi Gavion — est un terme d'argot qui
signifie gosier, cou.

en lui souhaitant vie longue et prospère, ainsi que prompt et heureux mariage avec la fiancée qui l'attendait en son pays. Hélas! le lendemain, un sinistre gredin d'une vingtaine d'années, un assassin nommé Abbémon, se présentait pour la troisième fois à la visite. Il était le honteux porteur d'une affection plus simulée que vraie et réclamait, sur un ton inadmissible en sa situation, du lait. Le major Acquarone ne jugea pas à propos d'obtempérer à sa demande.

« — Je veux du lait. »

« — Vous n'en aurez point. »

« — Vous me donnerez du lait. »

« — Non. »

« Le docteur, le front appuyé sur la main et la tête légèrement inclinée, présentait le cou. Le bandit, qui dissimulait dans sa manche une mauvaise lame fixée entre deux morceaux de bois maintenus par une ficelle, détendit le bras et l'arme grossière entra en plein cou, tranchant net la carotide : un jet de sang! Acquarone était mort! Le surveillant n'avait pas eu le temps d'intervenir.

« Le *Jouffroy*, sur lequel j'étais de service, partit de suite chercher les autorités compétentes à Cayenne. L'homme fut jugé incontinent. L'exécution se fit sans retard...

« — Soyez là, » m'avait recommandé Chaumié, qui procédait aux préparatifs de l'expiation.

« Abbémon mourut cyniquement, vociférant contre Dieu, le prêtre et l'assistance : « — Voyez, me dit « le bourreau en ramassant la tête... Examinez si ça « n'est pas là ce qu'on peut appeler... du bel ouvrage?...»

« M. Chaumié, décidément, excédait les bornes permises de l'amour-propre professionnel!...

« ... Le soir, j'étais de quart et surveillais, de la passerelle, la manœuvre de départ. Nous devions reconduire à Cayenne le procureur et les officiers de gendarmerie venus pour la funèbre cérémonie. Un surveillant m'apporta, de la part du directeur du pénitencier, une caissette — elle avait précédemment contenu des biscuits, — avec un mot me priant de veiller soigneusement sur ce colis très fragile et de le remettre dès mon arrivée au major-chef de l'hôpital. Je portai ce dépôt dans ma cabine et l'installai intelligemment calé, pour qu'il n'eût pas à souffrir des coups de roulis, entre mon oreiller et la cloison de ma couchette — une couchette sur laquelle je devais être plus tard des semaines à mal dormir, car soupçonnez-vous ce que contenait le... paquet, confié à mes bons soins?... la tête du décapité!...

« A la suite de ces événements, j'eus horreur de Chaumié.

« Il se rendit compte de ma répulsion, d'ailleurs insurmontable.

« — Que voulez-vous, me disait-il en manière « d'excuse, le métier a ses inconvénients, c'est évi- « dent; mais il a du bon aussi... et puis on est bour- « reau ou on ne l'est pas! Veuillez songer qu'à « chaque exécution, je touche une boîte de sardines, « un litre de vin, un pain et deux paquets de tabac, « plus une gratification de cent francs... C'est « pourtant à considérer tout cela!... »

. . . .

Quand nous parvînmes en vue de Saint-Laurent du Maroni, nous remarquâmes qu'une foule inaccoutumée se pressait sur l'estacade.

— Il se passe quelque chose d'anormal dans le pays, opina M. Lalande, car ce n'est pas pour fêter notre arrivée que tout ce monde s'est donné rendez-vous au débarcadère.

Nous sûmes vite à quoi nous en tenir à la vue d'un canot dont on sortait avec d'infinies et lentes précautions, deux hommes, ou plutôt deux cadavres ensanglantés. C'était le corps d'un sous-officier de gendarmerie et d'un libéré lui servant de domestique : la veille, au cours d'une partie de chasse en forêt, ils étaient tombés dans un parti de forçats évadés et s'étaient trouvés fusillés à bout portant sans avoir eu le temps de se reconnaître. Le commissaire de police de Saint-Laurent, qui les accompagnait, avait pu, lui, échapper à la mort. Bien qu'atteint à la jambe d'un coup de feu, il avait réussi à fuir, non sans avoir au préalable déchargé les deux canons de son arme sur l'un des assaillants qui s'était effondré sérieusement touché, sur le terrain de l'agression.

Le commissaire, après mille détours, pour dépister les assassins et après de surhumains efforts pour surmonter sa douleur et la faiblesse que lui causait l'hémorragie de sa blessure, put enfin regagner Saint-Laurent à la faveur de la nuit et donner l'alerte. Dès le lever du jour on s'était mis à la recherche des victimes que je venais de voir débarquer au milieu de la consternation générale.

L'évadé blessé, que ses complices avaient lâchement abandonné sur place, fut porté à l'hôpital. Il avait assez de lucidité, malgré la gravité de son état, pour ne pas s'abuser sur le sort qu'on lui réservait. Froidement, il résolut de devancer la justice des hommes. Il avait perdu la partie, l'enjeu était redoutable : il paya. Le lendemain de son hospitalisation, on le trouva, sur son lit, inerte, suicidé. Malgré la surveillance dont il était l'objet, malgré ses reins

brisés, son bras déchiqueté, le tragique criminel avait
réussi, sans bruit, sans tapage, à s'étrangler avec les
bandages qui ligaturaient ses plaies (1). Il lui avait fallu,
pour arriver à ses fins, déployer une dose de volonté
effrayante, faire une dépense de courage inconcevable.

— Eh bien, me dit M. Lalande en me fixant dans
les yeux, que pensez-vous, après un tel drame, de
ce calme que vous étiez tenté d'admirer à notre arrêt
dans les îles? Bien trompeur, n'est-ce pas? Il faut,
voyez-vous, dans ce pays, être toujours en éveil, sans
toutefois pousser la défiance à l'excès, car alors
l'existence, telle qu'elle se présente à nous dans un
tel milieu, deviendrait totalement intenable : Nous vi-
vons entourés de forçats qui encombrent la place et
circulent sans entrave dans nos rues, de libérés qui
nous servent de domestiques dans nos foyers, d'employés dans nos bureaux et magasins. Pour mon
compte, j'ai comme caissier un faussaire, comme
précepteur de mes enfants un ancien moine qui ne
fut pas toujours un exemple de sainteté, et comme
commis des assassins auxquels, en toute quiétude

____

(1) Il fut d'ailleurs victime d'un calcul erroné, ayant omis
d'escompter la clémence présidentielle qui alors battait son
plein : même au bagne on ne guillotinait plus. Et le chef de cette
bande d'évadés assassins, capturé à son tour, à quelques jours de
là, fut lui-même gracié de la peine de mort. Mis en cellule, il
assomma au bout d'un mois, avec son baquet, le gardien chargé
de son entretien. De nouveau et pour la troisième fois condamné
à mort, et de nouveau encore soustrait au couperet, puisque telles
étaient les instructions du chef de l'Etat, il se livrait derechef à
une nouvelle tentative de meurtre sur son récent surveillant
quand celui-ci le prévint et l'abattit d'un coup de revolver. Ce
gardien justicier, que l'on ne put que féliciter de son acte, était un
homme jeune, à visage de Christ, blond, émacié, très doux de
caractère et d'apparence, incapable de faire le mal pour le mal :
je l'ai connu à bord du paquebot qui nous ramenait l'un et
l'autre en France.

d'ailleurs, je confie, quand je m'absente, la garde de
ma maison et souvent le transport de valeurs importantes... Et — dussé-je vous étonner, vous qui êtes
encore tributaire des idées qui ont cours en France,
— je vous avouerai pourtant que je leur accorde
plus volontiers peut-être mon crédit qu'à beaucoup de prétendus honnêtes gens dont le casier
judiciaire est intact. C'est que ces gens-là, les libérés,
ont tâté, voyez-vous, d'une école où l'on n'est pas
précisément tendre pour les pensionnaires, et où l'on
ne retourne point de gaîté de cœur, quand le stage
est terminé : Il y règne en effet une de ces disciplines
dont la rudesse mate les plus rebelles et dont la crainte
suffit à refaire une vertu !

— Quelle est exactement la règle pénale qui régit
le sort du libéré; et, en somme, qu'est-ce qu'un
« libéré »? demandai-je.

— Le libéré, expliqua mon interlocuteur, est un
coupable qui a terminé le temps de bagne auquel le
condamnèrent les tribunaux; mais, chose qu'on
ignore généralement en France, sa relégation ne prend
pas fin pour cela. Il doit « doubler » sa peine; c'est-à-dire
qu'il est astreint encore à un séjour dans la colonie de
même durée que la condamnation qu'il avait encourue.
Et, si cette condamnation dépassait huit ans, il devient du fait un exilé à perpétuité, car, il lui est
interdit, dans son cas, de jamais songer à quitter
la Guyane. La plupart des jurés n'ont point connaissance de cette coutume, de cette importante
aggravation de leur verdict, et, quand ils infligent à
un inculpé huit années de travaux forcés, ils ne se
doutent point qu'ils prononcent la relégation à vie.
Cette clause nous est à nous Guyanais, des plus préjudiciables, car elle nous dote d'un surcroît de bouches

que la colonie est impropre à nourrir. Nous ne pouvons pas, en effet, prendre tous les libérés comme domestiques ou employés, et les maigres places dans lesquelles, parcimonieusement, l'administration en confine quelques-uns, ne sont pas toujours suffisamment rémunératrices pour assurer leur stricte existence. Aussi, n'est-il point rare de voir un libéré qui mourant de faim et à bout d'efforts, en arrive, malgré son désir de se refaire une honnêteté, à commettre un délit — vol ou injure à une « autorité », — qui lui rouvre les portes du bagne : là, du moins, il trouvera la pitance nécessaire.

— Triste, dis-je.

— Oui, triste et impolitique, car l'homme affamé et désespéré cesse d'avoir une conscience, surtout dans la catégorie qui nous occupe, et peut parfois se livrer à des attentats dangereux pour notre population.

Plus à craindre toutefois est la classe des « rélégués », c'est-à-dire ces gens qu'en France vous appelez des récidivistes : on nous les envoie à Saint-Laurent, érigé d'ailleurs en camp de rélégation. Sans être de terribles criminels, ceux-là sont des coupables invétérés, des professionnels, des habitués du vice, que des crapuleries répétées, que des rixes, des ivresses, des escroqueries sans cesse renouvelées ont conduits ici. La France qui les sait irrémédiablement corrompus et les apprécie à leur triste valeur, s'en débarrasse à notre détriment. De ceux-là on ne saurait jamais trop se défier. Comme ils jouissent d'une liberté relative, il y a toujours à redouter de la part de ces dépourvus de conscience quelques mauvaises tentatives, sinon contre les personnes, du moins contre la propriété. Ah! tout n'est pas pour le mieux dans la localité dont j'ai l'avantage de vous faire aujourd'hui les honneurs, conclut philosophiquement l'aimable narrateur.

— Maintenant, il est bon de reconnaître, pour notre tranquillité, que s'il y a de fortes têtes dans l'armée du crime, la contrepartie existe : il se trouve de fameux caractères dans le rang des surveillants. La majorité de ces humbles du fonctionnarisme ignorent la crainte et j'en sais qui se sont élancés en pleine mutinerie avec la crânerie et la témérité d'un belluaire qui accourt au milieu des fauves. Il en fut un dont je puis parler, nous dit M. Lalande, car je l'ai particulièrement connu, qui réalisait de façon parfaite le type du véritable dompteur d'hommes. Casalonga était son nom. D'origine corse, comme la majorité de ses collègues, grand, svelte, souple, fin d'attaches, racé de la tête aux pieds, il était d'une endurance incomparable. Il avait de l'éducation, quelque instruction et une distinction native, qui fait généralement défaut à ceux de son métier. Son regard tranchait comme l'acier et quand il fixait quelqu'un, de gré ou de force, il fallait baisser les yeux. Je me suis longtemps demandé à la suite de quels avatars, de quels incidents, ce merveilleux type d'homme était venu s'échouer dans une chiourme. Il ne s'ouvrait pas sur son passé. En tout cas, celui-là avait la vocation, si par vocation se doit entendre cette sorte de faculté toute d'impulsion qui le faisait se complaire comme en son élément au milieu de la lutte et du péril. Ses prouesses sont restées légendaires.

— J'en puis citer une pour ma part, dont je garantis l'authenticité, car j'y étais :

« Un jour, un dimanche, j'étais allé en promenade à Charvein, à quelques heures de pirogue de Saint-Laurent, sur le Maroni. Il y a là un camp forestier de correction où plusieurs centaines de condamnés sont confiés à la seule garde de quelques surveillants isolés, cinq ou six au plus. Dans ces camps on fait des abatages d'arbres et on en débite le bois qu'utilisent ensuite l'administration et la colonie. C'est vous dire que les forçats affectés à ce genre de travail sont armés de haches et de coutelas (1), ce qui augmente encore l'insécurité des quelques gardiens détachés parmi eux. »

— Quelle insuffisance, remarquai-je, et comment, dans de telles conditions, les condamnés ne se débarrassent-ils point plus souvent de leurs surveillants?

— Tout simplement, expliqua M. Lalande, parce que les forçats sont eux-mêmes les meilleurs auxiliaires de l'autorité. L'égoïsme le plus effréné, la défiance réciproque et la délation existent dans les bagnes à l'état d'endémie et les projets d'évasion ou de soulèvement les mieux conçus avortent presque toujours parce que l'un des complices, pour s'attirer les bonnes grâces du pouvoir et quelques adoucissements de peine, s'empresse de « manger le morceau » (c'est l'expression consacrée).

« De plus, entre les condamnés français et les déportés musulmans très nombreux en Guyane, il existe un antagonisme de race et de religion, dont très habilement sait profiter l'administration. Généralement, l'Arabe, fataliste et résigné par nature, se plie assez aisément à sa nouvelle et triste condition et, bien noté, au bout de peu de temps, devient, de la façon suivante, l'un des rouages les plus précieux de la répression : On lui commet la garde de quelques condamnés européens, assez souvent de fortes têtes, et il se chargera, tout condamné qu'il soit aussi, de les mater

(1) Sabres d'abatis.

plus sûrement que n'importe quel surveillant régulier. Car, mener et éduquer des *Roumis* à coups de matraque, constitue, pour cette conscience fruste et fanatique, une joie et une revanche. Féroce et inexorable, le dur africain déchargera, faute de mieux, sur les malheureux relevant de son bâton, toutes les haines et le mépris qu'il a accumulés, lui Musulman, contre ces chiens de chrétiens qui, après lui avoir ravi son pays, l'ont encore envoyé au bagne!...

« Et puis, enfin, principalement dans les postes isolés, le gardien a une poigne inflexible. Il le faut. Si, après les trois sommations d'usage, un fugitif ne s'arrête point, un révolté ne s'incline point, de suite le revolver parle et il a toujours le dernier mot... Les forçats le savent bien et c'est ce qui assure, jusqu'à un certain point, la sécurité des fonctionnaires affectés à ces gardes éloignées et périlleuses.

« Mais je reprends mon histoire : j'étais donc à Charvein. Ma femme m'avait accompagné. Casalonga, avec une cordialité et une simplicité du meilleur ton, nous avait accueillis et conviés à son frugal repas. A un moment donné, sur quelques bruits provenant du dehors, notre hôte s'interrompit de parler. Il écouta, se leva de table, nous pria de l'excuser s'il s'absentait quelques instants, et sortit...

« Il revint au bout d'un quart d'heure et sans que rien sur sa physionomie dénotât qu'il se fût passé quelque chose d'extraordinaire, il reprit la conversation où nous en étions restés.

« — Que vous est-il arrivé, s'exclama ma femme au moment où Casalonga lui offrait une coupe de fruits, votre manche est ensanglantée, vous êtes blessé? Qu'y a-t-il?

« — Il n'y a, rien, madame. Je vous assure, affirma

AU MARONI : L'APPEL DANS UN CHANTIER PÉNITENTIAIRE FORESTIER

celui-ci, rien qui doive vous inquiéter : acceptez cette mangue, prenez cette pomme-liane et goûtez ces fruits sans trouble; tout est calme et tranquille ici, je vous le certifie.

« J'avais saisi et découvert son poignet. Une morsure — les dents avaient marqué leur empreinte — entaillait profondément la chair et un filet de sang s'était fait jour au travers du mouchoir noué à la hâte autour de la plaie pour nous en dérober la vue.

« — Que s'est-il donc passé?

« — Rien de grave, me répondit-il, j'ai été mettre la paix au milieu d'une bande de vauriens qui malmenaient un de mes collègues... En tout cas, c'est terminé, tout est dans l'ordre. N'ayez aucune crainte.

« Ce qu'il omettait d'ajouter, mais je le sus bientôt, c'est que ces « quelques vauriens » se chiffraient par cinquante et qu'ils s'étaient groupés et cantonnés dans leur case après avoir désarmé leur gardien, qu'ils auraient fini d'assommer sans la providentielle intervention de Casalonga. D'un coup d'épaule, Casalonga s'était ouvert une trouée à travers les lattes de la muraille, heureusement peu résistante; d'un geste vigoureux et précis, il avait jeté au dehors et ainsi délivré son collègue déjà ligotté, non sans avoir au premier contact donné et reçu lui-même quelques horions. Cela fait, avec la décision qui caractérisait son genre d'audace, il s'était élancé d'un bond au fond de la salle, et là, revolver au poing et face aux émeutiers sidérés par tant de hardiesse et de sang-froid :

« — A genoux tous, bandits, et face à terre, avait-il ordonné.

« Le ton de l'ordre était sans réplique. On ne désobéissait point à Casalonga : tous s'inclinèrent. Et lui, qui avait pris son arme par la gueule, avait, dans une apothéose de triomphe et un enivrement de puissance, regagné l'issue à pas lents, non sans avoir crossé au passage, de la poignée de son pistolet, l'engeance dominée et tremblante qui rampait à ses pieds.

« De tels actes peignent un homme. Mais on s'use à pareil métier. Un arc toujours tendu finit par se rompre. Casalonga repose maintenant, signalé par une simple petite croix de bois, dans le cimetière de Saint-Laurent. Il s'éteignit triste, en pleine jeunesse, méconnu de ses chefs, disgracié presque, découragé. On n'aime pas en haut lieu les incidents qui provoquent des enquêtes :

« Or, Casalonga — il était le premier à le reconnaître et à le déplorer — avait le coup de revolver « malheu-« reux ».

« — C'est vraiment une fatalité, disait-il vers la fin de sa vie — et non sans regret, — mais quand je tire sur un fuyard ou un émeutier, même lorsque je ne veux que l'effrayer, mon coup porte. Tant que je serai en service, je ne puis point pourtant ne pas exécuter la consigne? Je ne vois qu'un moyen d'en sortir, c'est de démissionner.

Il démissionna... par la grande porte : ... il mourut! »

... Si la pluralité des surveillants mérite considération et égard pour la réserve dont ils usent dans l'application de leur ingrate et difficile fonction, il faut cependant avouer qu'il y en eut qui furent sans scrupule, n'eurent aucun souci de la vie humaine, se comportèrent en véritables tortionnaires. J'ai vu — on me les a montrés dans Cayenne — deux de ces honteux individus, dont l'habileté comme tireurs est proverbiale, et qui, avec une inconscience de monstres, ne craignent point de se vanter que leur précision, leur justesse de coup d'œil, ils l'ont acquise sur des cibles vivantes.

L'un d'eux — je tais son nom pour ne pas discréditer les siens — mettait une joie cynique, non pas à prévenir, mais à provoquer les évasions. Renseigné par ses délateurs, il allait se poster à l'endroit propice à son révoltant dessein et là, sans danger, en toute sécurité, l'un après l'autre, à coups de revolver, il abattait les fuyards. Celui-là ne sut jamais faire grâce. L'administration, enfin édifiée, a fini par se débarrasser du zèle sanguinaire de cette brute à traits humains.

Qu'on ne l'oublie pas d'ailleurs, ces tristes spécimens ne sont que des exceptions qui n'infirment nullement l'excellence du corps dont ils firent partie.

. . . .

Il n'est guère de condamnés que n'agite le désir de s'évader. Plus que partout ailleurs l'occasion s'offre si facile à Saint-Laurent et dans les postes forestiers et agricoles, que bien des détenus se laissent tenter. De toutes parts la forêt est là qui les sollicite. Un beau jour, ils s'y enfoncent. Mais la plus grande partie recule devant les aléas de ces coups de tête qui se terminent presque toujours piteusement; soit qu'exténué par les privations de toutes sortes, le fugitif revienne de lui-même à sa prison, soit qu'il y soit ramené par les colons échelonnés le long des fleuves, qui, pour prix de leur capture, touchent une prime assez importante.

Sauf quelques rares privilégiés qui réussissent à rencontrer une âme assez charitable pour fermer les yeux sur leur passé et leur accorder du travail et la nourriture, la plupart de ceux que ne revoit plus la geôle, disparaissent de la façon la plus tragique. Après avoir erré misérablement, égarés dans la brousse immense et marâtre, ils finissent par s'abattre vaincus par la misère et la faim, au bord d'une crique où leurs restes serviront de pâture aux millions d'animaux et d'insectes qui peuplent la sylve équatoriale.

C'est ce qui, sans nul doute, était advenu à trois pitoyables squelettes qu'un placérien, nommé July, qui fut mon compagnon dans la forêt, rencontra dans les bois voisins du chantier Maripa, dans l'Orapu. Les cadavres étaient assis et rangés côte à côte, soutenus et tassés entre les cloisons aplaties et avançantes de ces espèces de niches ou de « boxes » nommées « arcabas » que forment en se redressant le long du tronc et en s'y accolant de façon intime, les immenses racines des grands arbres d'Amérique : vision d'épouvante et de terreur lorsqu'on évoque les affres et désespoirs qui étreignirent de telles agonies !

Les profondeurs de la forêt recèlent, dans leur mystère, une multitude de ces drames ignorés et terribles dont les évadés firent les frais : il y en eut qui se dévorèrent entre eux ! Les annales judiciaires de la Guyane sont là qui en font foi. Mais pour une scène d'antropophagie que nous connaissons, combien d'actes de cannibalisme à jamais ensevelis avec les os blanchis de ceux qui y furent acteurs, dans ces bois impénétrables et homicides !

Un de mes excellents amis, une énergique figure comme le sont les rares Français qui osent s'adonner au rude métier de prospecteurs d'or, M. Olivier (1), a rencontré au cours de ses multiples pérégrinations,

(1) J'ai appris avec tristesse, depuis mon retour en France, la mort de ce brave garçon qui m'avait offert une fraternelle hospitalité sous la case qu'il habitait dans le haut Sinnamary, sur la rive de la crique Tigre.

nombre de ces misérables fuyant le bagne. Mon compatriote, venu très jeune dans la contrée pour tenter fortune, — c'était aux beaux jours où le Carsewène attirait à lui les chercheurs d'or du monde entier, — a, en dix ans de colonie, sillonné le pays des placers en tous sens. Il connaît sa Guyane à fond et je n'omets jamais l'occasion de l'interroger :

« Le dernier de ces malheureux que j'ai vu, raconta-t-il, était un Arabe. Je descendais l'Approuague en pirogue; le courant se faisait des plus rapides, nous approchions d'un saut terrible, l'Athana, dont nos oreilles percevaient le grondement qui grossissait de minutes en minutes. L'évadé, l'Arabe — ce fut une apparition lamentable — qui guettait de la rive le passage d'humains, s'était jeté à genoux. Hâve, défait, d'une maigreur de squelette, il levait désespérément ses bras décharnés et, les mains jointes et tordues, je l'entendis qui prononçait comme une prière, dans son misérable jargon :

« — Pour amour du bon Dié, arrête, arrête, bon mossié. Donne à manger. Moi mouri, mouri de faim.

« Le patron du canot, un Martiniquais impitoyable, malgré les injonctions de son passager blanc, ne voulut rien entendre :

« — Non, je n'arrêterai point, fit-il, c'est un évadé. Mauvaise race... S'il meurt, c'est son affaire... Son sort ne me regarde pas. »

La barque filait vertigineuse. Ce n'était pas l'instant de parlementer. Mon ami Olivier lança à l'affamé, à la volée, deux ou trois boîtes de conserves qui se trouvaient à portée de sa main. Une compatissante et jeune mulâtresse qui l'accompagnait, jeta un pain.

Le spectre, rassemblant le peu de force qui lui restait, s'était précipité à la rencontre de cette manne si désirée et si nécessaire et, dès qu'il l'eut saisie, tout en dévorant à pleine bouche, il criait à ses bienfaiteurs, pleurant de reconnaissance :

« — Merci, merci, merci. »

« Ah! je le revois toujours, le pauvre « crève-de-faim »! J'ai d'ailleurs payé assez cher, continuait le hardi prospecteur, pour me souvenir de cet incident pénible, car moins de cinq minutes après, notre embarcation se perdait, chavirait, brisée en mille morceaux au beau milieu du saut et j'y perdais ma boîte de production qui contenait toute ma récolte, toute mon épargne, deux kilos d'or.

« Le patron — fut-ce un châtiment du ciel? je le croirais assez volontiers — y perdit, lui, davantage : il y laissa la vie. »

— Mais cet homme, ce spectre de famine, demandai-je, avez-vous su ce qu'il était devenu?

— Oui, me dit Olivier, j'ai pu savoir. Ecoutez :

« Un nommé Imérola, un Européen, un brave homme, qui exploite un petit placer dans ces parages de l'Approuague, s'aperçut à quelque temps de là qu'un voleur, très discret d'ailleurs, lui dérobait chaque nuit quelque provision, peu à la fois. C'était une boîte de sardines, deux ignames, une patate, un morceau de pain, une poignée de couac, en somme à peine, à chaque fois, ce qu'il fallait à un homme pour ne pas mourir de faim.

« Intrigué de ces larcins successifs, il voulut en avoir le cœur net et se mit, une nuit, en faction. Une ombre pénétra dans son magasin. Quand elle en sortit :

« — Halte, cria Imérola, halte!

« Son voleur ne s'arrêtant point et courant de plus belle, il lui décocha, dans le bas des jambes, une décharge de petits plombs. Le fuyard s'arrêta enfin.

« — Qui es-tu? questionna Imérola.

« Le blessé expliqua qu'il mourait d'inanition. Il s'excusa de ses rapts. Il avoua qu'il s'était enfui du bagne avec cinq Européens; que, sans armes pour se procurer du gibier, ils avaient, dans cette forêt où l'on ne trouve aucun fruit à se mettre sous la dent, souffert atrocement de la faim; qu'il s'était aperçu à temps que les blancs avaient décidé de le sacrifier pour s'en servir comme pâture et qu'il avait pu, transi d'effroi, réussir à se dérober à la faveur de la nuit. Depuis, il avait marché, marché sans trêve ni répit, talonné par la peur, torturé par son estomac vide et s'il avait volé, il méritait bien quelque excuse, puisque c'était pour ne pas mourir.

« Imérola qui n'était pas un insensible, en avait eu pitié. Il soigna son blessé, qui n'était autre que l'Arabe du saut Athana, et s'en fit un serviteur fidèle, mieux même que cela : un chien dévoué jusqu'à la mort. »

Et Olivier, en véritable enfant de Paris qui, sous la latitude la plus déprimante, ne saurait abdiquer le mot qui fait rire, concluait plaisamment en s'adressant à moi : « Voilà qui prouve surabondamment, docteur, qu'un coup de fusil savamment et à point appliqué peut avoir parfois, quoi qu'on dise, du bon pour tout le monde. »

. . . .

Si les évasions par terre sont l'enfance de l'art, il n'en est pas de même de celles qui s'exécutent par mer. Pour ces dernières, il faut une dépense d'ingéniosité, de ruse, de patience et d'efforts dont seuls sont capables les fanatiques de liberté. Partir des îles du Salut est une entreprise qui comporte les plus grands risques et d'extrêmes difficultés. Il y eut cependant des « disparitions » qui firent date dans les fastes

du bagne; celle-ci, par exemple, qui se classe au rang
des plus célèbres et demeure toujours, malgré son
ancienneté, présente à tous les souvenirs en Guyane :

Un capitaine de goélette, de « tapouille », comme
on dit ici — il s'appelait Villier Pierre : aujourd'hui
que les années se sont accumulées sur son front et
ont blanchi sa tête, on le nomme le père Pierre dans
le port de Cayenne où il fait encore du cabotage, —
fut chargé de transporter dans l'Approuague, à la
Montagne d'Argent, un convoi de condamnés destinés à la culture du café. Il en prit livraison à l'île
Royale. Il y en avait un demi-cent environ. Le vent
était propice. Deux jours s'écoulèrent sans incident.
Tout allait pour le mieux à bord. Tout faisait prévoir
une heureuse issue au voyage. Les surveillants s'étaient
quelque peu relâchés de leur sévérité... à quoi bon
exagérer le rôle de cerbères : on ne décampe pas en
pleine mer. La nuit vint. Allongés côte à côte à
l'arrière, les condamnés paraissaient dormir. La tranquillité semblait absolue. L'homme de garde fumait
en toute quiétude sa pipe en considérant les étoiles,
quand, soudain, sans qu'il pût crier gare, sans qu'il
pût donner l'alerte, il fut saisi, désarmé, baillonné,
mis hors de défense. La révolte était à bord. Les
autres gardiens, ses collègues et le commandant,
appréhendés en plein sommeil, furent à leur tour
entravés, enlevés et remisés, sans violence d'ailleurs,
à fond de cale où, ils en convinrent plus tard, ils ne
manquèrent ni de nourriture, ni d'égards.

Ce premier exploit perpétré, un ancien officier de
marine — on trouve de tout dans les rangs des ba-
gnards, c'est comme à la légion étrangère — prit
la direction du navire et le *Delta*, c'était le nom du
bateau, fit, sans désemparer, route pour le Brésil.

FORÇATS NETTOYANT LA RUE

L'équipage — les matelots — furent priés, sous menace de mort d'ailleurs, de continuer le service, d'assurer le soin des manœuvres et le plus naturellement du monde, dans d'excellentes conditions de navigation, sans encombre, la tapouille du capitaine Pierre arriva à Sainte-Marie de Belem.

Dans ce port, en ce temps-là, on acceptait tous les arrivants, sans s'inquiéter outre mesure de leur origine, sans s'occuper par trop de leur provenance. Le capitaine improvisé — il avait d'ailleurs plus grand air que son collègue Pierre — prit contact avec les commerçants du Para, vendit au mieux sa cargaison, en partagea le prix avec ses acolytes puis, après avoir souhaité bon voyage au vrai capitaine, il le remit, non sans s'être excusé de sa liberté grande, en possession de son bateau. Comme il n'y avait aucune arme à bord, rien à craindre par conséquent, très paisiblement il regagna, avec les quelques compagnons d'évasion qui l'avaient escorté dans cette visite finale, la terre ferme... le Brésil où, sans nul doute, sa bande augmenta le nombre des « frères de la Côte », ramassis de gens sans aveu et de déclassés de toutes les nations qui infestent le littoral brésilien. Quant à Pierre, le commandant, refait et honteux, il regagna Cayenne avec sa demi-douzaine de surveillants non moins confus que lui : là, du moins, en guise de consolation, lui restait l'ultime ressource de conter à qui de droit sa cruelle mésaventure...

Très élastique — élastique autant que les cravaches de balata dont elle use encore impitoyablement envers les délinquants de chez elle — la police du Brésil ferme volontairement et obstinément les yeux sur l'état civil et l'extraction de tous les gredins de sac et de corde, rebuts de tous les peuples, qui s'y donnent rendez-vous comme en pays d'élection; quitte, le cas échéant, et si nécessaire, à recourir à l'habituelle et nationale matraque, pour inculquer à ce gibier d'adoption la politesse et la réserve qui lui font souvent défaut.

La Guyane hollandaise, elle, est moins aveuglément hospitalière; elle garde les évadés qui peuvent se suffire à eux-mêmes, ceux qui ont quelques ressources, ceux qui ont un métier utilisable; les autres, les non-valeurs, ceux dont elle ne peut tirer profit, ceux dont elle redoute le vagabondage ou les déprédations, elle les restitue à sa voisine française.

Lorsque je remontais le Maroni, je vis un jour un groupe de forçats qui atterrissaient sur cette rive hollandaise un peu en aval du saut Hermina. C'étaient des échappés de la station agricole la « Forestière ». Ils étaient au nombre de six. Ils avaient traversé le fleuve sur un radeau hâtivement et à peu de frais confectionné avec des bûches de « Bois-Canon » : arbre naturellement creux à l'intérieur, — d'où son nom, — et l'une des rares essences du pays qui soit susceptible de flotter. Ils avaient assujetti entre eux, au moyen de lianes, les différents tronçons qui concouraient à la formation de leur rudimentaire embarcation. Des branchages, coupés sur place et dont l'extrémité fourchue était entourée d'une bande de toile fortement tendue et serrée faisaient office de rames. Ils leur avaient fallu à peine quelques heures pour improviser ce rustique appareil d'évasion qui, malgré son apparente grossièreté, les avait quand même conduits à leur but, à la rive étrangère, à la liberté. De là, ces hommes, je le sus plus tard, avaient gagné par terre la bourgade d'Albina. Ils ne furent point inquiétés.

Il y en a de moins délicats qui ne craignent point, pour « filer », d'emprunter le matériel même de l'administration. Un beau matin, il y eut grand émoi dans Saint-Laurent et dans la petite ville de Saint-Jean, sa succursale. Le canot à vapeur, le canot administratif s'était éclipsé, avait disparu pendant la nuit. On le trouva à quelque temps de là, abandonné dans les vases de Surinam, avec un mot de « remerciement » épinglé bien en vue sur le coffre à provisions. Voici ce qui s'était passé :

Chaque soir le préposé à la garde de l'embarcation dévissait et emportait avec lui l'un des organes essentiels de la chaudière, rendant ainsi la machine inutilisable jusqu'à son retour.

Un des deux forçats affectés au service de bord était un mécanicien émérite : il le fit voir en la circonstance. Il s'efforça de reproduire la pièce que le surveillant supprimait chaque nuit. Ne pouvant la confectionner en métal, il la façonna dans du bois très dur : l'imitation fut parfaite. La copie était merveilleusement identique au modèle! Fier de son œuvre, l'homme se frotta les mains, puis... vogue la galère! En compagnie de quelques compagnons résolus, il était parti respirer un air plus salubre, à son avis, que celui du pénitencier, l'air de la Guyane hollandaise. Pas plus que les précédents, ceux-ci ne furent extradés. L'un d'eux, le mécanicien, a su même se créer une situation avantageuse à Paramaribo et caresse, m'a-t-on dit, le dangereux espoir de pouvoir revenir un jour, possesseur d'un petit pécule, vivre sous un nom d'emprunt, dans la région de Lille, son lieu d'origine.

' · · · · · · · · · · · · · · · · · · ·

... Je crois avoir, au cours de ces anecdotes, à

peu près silhouetté tous les différents genres de type
qui singularisent le monde du bagne. Et le lecteur,
je l'espère, finira d'être documenté comme il convient
sur ce milieu étrange, impressionnant et presque
ignoré, quand je lui aurai montré, en terminant,
comment s'organise la vie d'un « non-bagnard »,
d'un voyageur qui, comme moi, séjourne momentanément dans un camp de déportation.

Donc à Saint-Laurent, où je reçus l'hospitalité
dans un immeuble de l'administration, j'avais comme
garçon de chambre, comme domestique affecté à
mon service, un vieux condamné — soixante-dix ans
au moins — nommé Pompiani. C'était un Corse qui
en avait tué un autre, en son jeune temps. Il avait
d'abord pris le « maquis », puis, lassé de sa vie errante,
il était venu de lui-même au bout de quatre ans, se
constituer prisonnier, comptant sur la clémence d'un
jury qui trompa son attente, car on lui octroya la
perpétuité.

Je prenais mes repas chez un compatriote fort
complaisant, un colonial fatigué par vingt-cinq ans
de Guyane. Officier d'académie, correspondant hono-
raire de la Société de Géographie — et cabaretier
par surcroît — M. Jean-François Lavaux me montrait parfois d'un air consterné ses deux diplômes
accrochés au mur entre une « règle du jeu de billard »
et une « loi sur l'ivresse » et il me disait d'un ton de
voix de désabusé :

— Si vous en trouvez l'occasion, en France, appre-
nez donc, docteur, à ceux qui me connurent au temps
où j'étais le compagnon et l'ami de l'explorateur
Coudreau, que si je suis lassé, exténué, découragé...
je suis quand même encore en vie.

Cet homme qui, au seuil de la jeunesse, avait eu

les honneurs de la presse et du livre de voyage, souffrait grandement — cela se sentait — de l'oubli de tous ceux qui le fêtaient jadis au retour de ses incursions lointaines.

... Chez Lavaux, la viande était apportée chaque matin par un boucher qui, il y a une vingtaine d'années, avait fait passer de vie à trépas sa vieille tante, sa nièce et leur domestique.

... Le pain nous était fourni par un boulanger dont le nom avait une désinence italienne et qui, dans des temps presque oubliés, fit à moitié calciner dans son four, le cadavre d'un camarade qu'il avait cru l'amant de sa femme. Celui-là était libéré... définitivement. Il avait même fait un voyage en France du côté des Alpes-Maritimes, vers la côte d'Azur, puis était revenu, au bout d'une année, reprendre son métier plus fructueux pour lui à Saint-Laurent que dans son pays natal.

... J'avais pour barbier un monsieur qui, promis à la guillotine, n'avait dû son salut qu'à l'intervention d'un évêque nouvellement promu, lequel avait imploré sa grâce comme don d'avènement. Ce coiffeur, d'un coup de rasoir, avait ouvert la gorge d'un vieux client pour lui voler deux cents francs. Cet inquiétant « figaro » avait la main légère et rasait agréablement.

Enfin, pour compléter la collection par une figure moins tragique, j'étais servi à table par un relégué, un jeune gars blond, bas sur jambes et long de buste. Il était de Lyon et s'appelait André.

Un jour, criant à tue-tête, André morigénait et fouaillait à outrance le chien de l'établissement, lequel avait dérobé un reste de viande pris au buffet :

— Voleur ! Mauvaise bête ! clamait-il. Attends un

peu que je te donne une de ces corrections qui t'enlèvera pour longtemps le goût de recommencer... Ah!
tu te permets de voler? Eh bien, je vais t'apprendre,
moi, à voler (*sic*)!

Et, sur ce, le chien, chapitré de plus belle à coups
de houssine, redoublait de hurlements.

— Assez, commanda le patron. Toi et le chien,
taisez-vous. On le sait bien parbleu que tu as toute
l'autorité requise et la maîtrise nécessaire pour lui
apprendre à voler, à lui et à d'autres. Ce n'est pas
la peine de le crier si fort, tu ne nous apprends rien
de nouveau.

André se tut.

Il aurait eu d'ailleurs mauvaise grâce à récriminer
car, s'il était au bagne, lui, c'était en qualité de voleur,
de voleur récidiviste, irréductible et endurci; aussi,
venant de lui, cette façon de moraliser le chien et
d'enseigner la probité ne manquait pas d'une certaine
saveur... : la comédie côtoyant le drame!

. . . .

... Les impressions que l'on emporte quand on
a cheminé par les sentiers du bagne, sont à la fois
aiguës, profondes, mais malaisées à définir.

Toutes ces figures que l'on a vues sur sa route,
présentent un masque si accentué, des reliefs si accu-
sés que leur contemplation pénètre l'œil comme une
souffrance. Tous ces visages à façade impénétrable
laissent supposer le recel d'énigmes si troublantes,
qu'une sorte d'effroi, de vertige, saisit et tenaille
l'âme angoissée de l'inhabitué qui passe et voudrait
savoir.

Une fatigue morale invincible, un malaise inexprimable auxquelles on ne peut se soustraire, concourent
à créer autour du visiteur accidentel, une atmosphère

d'inquiétude, une ambiance d'appréhension qui l'accablent comme s'il avait forcé le seuil d'un charnier où fermenterait une pourriture redoutable!

Et, c'est avec une sensation de soulagement que l'on sort d'une telle zône de misères, que l'on quitte ces nécropoles malsaines où la civilisation moderne cherche vainement à enterrer le vice, le crime, toutes les gangrènes, toutes les sanies malheureusement indestructibles qui la déshonorent et la ruinent (1).

. . . .

. . . .

Après ce coup d'œil d'ensemble sur le bagne, je transporterai de suite mon récit dans l'Itany, chez les Indiens Roucouyennes où devait s'effectuer notre mission. Chronologiquement, je devrais d'abord parler des Boschs et des Bonis dont les villages échelonnés sur les rives du Maroni s'offrirent les premiers à ma vue; mais, comme leur histoire se lie à nombre d'incidents de notre voyage, je ne leur consacrerai point un chapitre spécial de début.

(1) J'ai dû, au cours de ce chapitre, pour des motifs que le lecteur comprendra sans que j'insiste, changer quelque peu l'orthographe de certains noms.

CHAPITRE II

Un samedi, le 7 septembre 1907, nous nous arrêtons, à cinq heures du soir, et bivouaquons après une brûlante journée de navigation, sur un îlot de sable situé en pleine rivière Awa, à une demi-heure environ de pirogue de l'embouchure de l'Itany.

Fatigué par quatre jours de fièvre et de diète, j'ai besoin de repos. Ce campement me séduit par son isolement et je décline l'offre qui m'est faite d'aller passer la nuit dans une sorte de magasin situé en face, sur la rive, et où des mineurs, des chercheurs d'or venus des bois pour s'y approvisionner, se livrent à de multiples libations qu'ils paient en poudre d'or et, déjà mènent à grand renfort d'accordéons, un tapage infernal.

Sur notre emplacement que les eaux recouvrent et ratissent à chaque saison pluvieuse, il n'y a que des arbustes et de jeunes pousses incapables de porter le poids d'un hamac. Mes pagayeurs remédient vite à cet inconvénient et ils édifient en moins de dix minutes ce qu'ils appellent un « patawa ».

Voici comment ils procèdent :

Trois de leurs takaris — ces longues perches qui leur servent à appuyer la marche des pirogues —

sont d'abord fortement amarrés ensemble par leurs sommets. Cela fait, trois hommes prennent chacun une des trois branches du faisceau et, s'écartant, l'implante dans le sol par la base, à trois mètres environ de ses voisines. Ainsi distantes et séparées par le pied, ces trois hampes qui restent unies par la tête, constituent une installation très légère, mais suffisante pour supporter, sans risque de chute pour les dormeurs, jusqu'à quatre hamacs répartis entre les montants.

Paisiblement étendu à l'abri de ma moustiquaire, je regardai, jusqu'à une heure très avancée de la nuit, s'ébattre ces grands enfants que sont les mineurs de Guyane. La sarabande, sur la rive d'en face, était effrénée et les mouvements désordonnés de la troupe démoniaque et noire qui se désarticulait à la clarté fumeuse d'un fanal, produisait un effet fantastique. Le tapage avait redoublé : l'accordéon s'était adjoint le concours d'un triangle et de la « chacha » — une boîte en fer-blanc dans laquelle on agite avec frénésie des grains de plomb. — Un tambour, fait avec une peau de biche desséchée, tendue sur l'ouverture d'un baril vide, ponctuait la mesure de son bruit de tam-tam assourdissant.

L'on dansa, l'on mima serait plus exact, les différentes phases de l' « Aguia », cette image de bataille si prisée des Antillais et où les acteurs, au son d'un répertoire excitant, exécutent des passes de lutte en cadençant leur marche et leurs mouvements. Commencés de façon courtoise, ces engagements ne demeurent pas toujours pacifiques : les combattants se défient, s'échauffent et les assistants, maintes fois, doivent s'interposer pour empêcher le sang de couler. Quelques femmes, affectées au service du comptoir, se produisirent ensuite et, guidées par des danseurs

cayennais, elles s'essayèrent aux déhanchements lentement rythmés, mais extrêmement voluptueux qui
caractérisent le Casséco˙ (traduisez : casse-corps), la
danse favorite des Guyanais. Puis elles sautèrent
la « Moulala » martiniquaise qui s'accompagne de
chants improvisés dans lesquels chaque ballerine
célèbre ses mérites et avantages personnels et dé-
précie ses rivales dans l'art de Terpsichore.

Je finis par m'endormir, mais, selon l'usage, la bac-
chanale endiablée ne prit fin qu'avec le lever du jour.

... Le lendemain, dimanche, dès la première heure
nous atteignons l'entrée de l'Itany. Là, sous une
case très simple se trouve, extrême échelon de la
civilisation, un poste hollandais composé de deux
douaniers nègres à demi oubliés dans ce pays perdu.
Ils attendaient depuis plusieurs semaines un canot
de ravitaillement qui n'apparaissait point. Nous leur
laissâmes quelques vivres et des munitions de chasse.
Comme remerciement, eux-mêmes débouchèrent une
vieille et unique bouteille de bordeaux soigneusement conservée au fond d'une cantine. Ces hommes
ont pour consigne de surveiller et de préserver contre
les rapines des maraudeurs de vastes terrains doma-
niaux signalés pour leur richesse aurifère.

Nous leur laissons notre signature pour dénoter notre
passage et nous pénétrons, en franchissant un premier
« saut », le Pouloukoumarou, dans l'Itany. Ce fleuve,
affluent du Maroni, est peuplé dans sa région haute
par des tribus d'Indiens que nous devons visiter.

L'Itany est officiellement considéré, depuis l'arbitrage de 1882 auquel présida le czar des Russies,
comme la continuation du Maroni. En conséquence,
il sert de délimitation entre la Hollande et la France
et, de même que pour le Maroni, sa rive droite est

possession française, tandis que les forêts de la rive gauche appartiennent à la Hollande. Cette délimitation, désavantageuse pour nous, est très contestable. Géographiquement, de l'avis d'experts autorisés, le Tapanahoni est indubitablement la rivière source et mère du Maroni et c'est elle, pour trancher le litige, qui légitimement aurait dû servir de démarcation entre les deux nations. De plus et à l'appui de cette thèse, « Tapanahoni » est une altération du mot indigène « Tapamahoni » qui, dans l'idiome bosch, veut dire haut Maroni, Maroni supérieur. On sait, en effet, que les créoles et les noirs élident les « R » dans la prononciation. Ils remplacent cette lettre par une sorte d'aspiration qui peut s'exprimer dans l'écriture par un « H » aspiré. Ils disent ainsi Ma'h'oni pour Maroni et Tapama'h'oni au lieu de Tapamaroni. Donc, dans l'idée des habitants immédiats, le procès était jugé depuis longtemps : le Tapanahoni était sans conteste la prolongation du Maroni, et l'Itany qui, par l'intermédiaire de l'Awa, vient se jeter dans le Maroni, n'en était, toujours à leur avis, qu'un simple affluent. Ces explications pourront paraître spécieuses, elles sont néanmoins nécessaires. Il est grand temps en effet de s'opposer à de nouveaux empiètements sur notre territoire. Et qui oserait affirmer que mise en goût par un premier arbitrage si désinvolte, la Hollande ne convoitera pas un jour le morceau de territoire compris entre l'Itany et le « Marouini » et ne prétendra pas que « Marouini » n'étant qu'une légère modification du mot « Maroni », ce n'est pas jusqu'à l'Itany, mais jusqu'à cette rivière, plus lointaine, que devrait s'étendre ses possessions (1)?

(1) J'ai entendu un jour un Hollandais émettre cette singulière et excessive prétention.

Et ce, en vertu du principe qui servit de base à la transaction russe et qui spécifie que les « Pays-Bas » doivent être maîtres de toutes les terres qui sont sises sur la rive gauche du Maroni d'abord et aussi, cela s'ensuit, de la rivière qui est censée, en l'occurence, engendrer ledit Maroni?...

En résumé, il n'est pas hors de propos de rappeler que toute cette zône, dont la partie abandonnée par nous en 1882 renfermait le fructueux placer de l'Awa, passe aux yeux des prospecteurs pour être une des plus riches en filons et alluvions d'or.

Plus qu'aucun autre fleuve guyanais, le lit de l'Itany, surtout dans la partie basse, présente l'aspect chaotique et apparaît parsemé de « sauts » qu'on ne franchit qu'au prix d'efforts prodigieux qui décourageraient l'intrépidité des bateliers européens les plus aventureux. Cette région a été convulsionnée de fond en comble à l'époque des bouleversements qui ont présidé à la formation du monde. Ce ne sont qu'entassements et amoncellements de rocs par-dessus et à travers lesquels le fleuve se fraye une route irrégulière et tourmentée.

A chaque moment se rencontrent des cascades, des chutes d'eau, des « sauts » entraînant parfois des différences de niveau de plus de cinq mètres sur des parcours n'excédant souvent point vingt mètres.

A plusieurs reprises, nous dûmes décharger notre canot. Après l'avoir hissé à force de bras et d'audace par-dessus des rochers rendant toute navigation normale impossible, on le rechargeait un peu plus loin. On recommençait alors à faire avancer péniblement la pirogue, soit en la poussant avec la longue perche appelée « takari », soit en pagayant, puis un autre obstacle se dressant derechef, on procédait à un nouveau déchargement partiel ou total, selon la difficulté de la passe.

C'est par la répétition de ces manœuvres, qui nécessitèrent une dépense de force considérable, que notre équipe, après plusieurs longues journées de labeur, put enfin triompher des sauts Aouara-Soula, Conitiki et Grand-Khôn, qui se succèdent presque sans interruption et gardent les portes du pays indien. Lorsqu'on a placé entre soi et le monde civilisé une aussi formidable barrière — qui peut, avec la sécheresse ou l'excès de pluie, devenir, dans ce fleuve excessivement capricieux, réellement infranchissable pendant des mois entiers, — on ne peut se défendre, si résolu soit-on, d'une impression d'angoisse.

En cas de maladie, la retraite est coupée; le retour est trop long en effet, trop pénible, trop difficultueux, pour ne pas être impossible à qui n'est plus en bonne santé.

Comme toutes les pirogues de Boschs, de Bonis et d'Indiens, celle qui nous véhiculait sous la direction de notre guide, le Boni Aponchy, était taillée d'une seule pièce dans un tronc d'arbre. Il en résulte une solidité à toute épreuve qui permet à ces embarcations de subir, sans fléchir, des chocs qui ouvriraient tout autre bateau non confectionné de même manière. Il faut à un Bosch environ une semaine pour construire un de ces canots. L'arbre étant choisi et abattu, — on accorde la préférence au bois d'angélique ou de bagasse qui est à la fois imperméable et léger, — on l'équarrit et on lui donne la forme convenable avec la hache et le sabre. Puis l'intérieur est évidé à l'herminette. Cela fait, la pièce est renversée, l'ouverture en bas et exposée au-dessus d'un brasier fumant. C'est le moment où se révèle l'habileté de l'artisan. Il doit savoir diriger l'action de son foyer de façon à obtenir une courbe élégante dont l'évasement ne soit ni insuffisant, ni non plus exagéré en largeur. Les Boschs sont passés maîtres en ce travail. Les pirogues qui sortent de leurs mains ont dix à douze mètres de long et un mètre environ de distance entre les bords dans la partie la plus élargie : — telles étaient les dimensions de la nôtre. — Elle était surchargée d'approvisionnements, sans compter les six hommes qui la montaient. Aussi, avions-nous hâte d'arriver au premier village indien pour nous alléger, en louant quelques embarcations indigènes qui nous accompagneraient et nous aideraient dans la suite du parcours.

Notre équipe était d'ailleurs exténuée. Elle se compose du Boni Aponchy, homme vigoureux et rompu à la pratique de cette navigation qui nécessite, en plus de l'habileté, une sorte d'instinct, dont les Boschs et les Bonis ont le privilège. Ces noirs, ont le monopole des transports par voie fluviale dans tout le bassin du Maroni : ils savent d'un coup d'œil reconnaître la passe où s'engagera leur canot et utiliser, à la seconde précise, des contrecourants et des courants doublés qui les aident à vaincre la rapidité de chutes qu'il serait plus que téméraire d'affronter directement.

Aponchy donc patronne notre pirogue. Il a comme second, comme « takari », comme bosseman, pour employer les expressions consacrées, un métis qui tient de l'Indien et du noir, Léopold Martin Joseph. Ce mulâtre, quoique sujet français, habite Albina, la blanche bourgade hollandaise qui fait vis-à-vis à Saint-Laurent, mais sur la rive opposée du Maroni. Martin, bien que vêtu du simple kalimbé et ignorant

l'usage des chaussures, possède une certaine culture
Il sait lire, écrire et dans ses moments de loisirs, il
aime, étendu sur le dos, face au ciel, à chanter des
cantiques et des airs liturgiques. Il a été enfant de
chœur. Il est catholique romain, ne comprend pas
qu'on soit d'une autre confession et dédaigne profondément les protestants hollandais. En outre —
chose très appréciable — il parle fort bien le taki-
taki, patois des Bonis et des Boschs et passablement
le mauvais hollandais de la colonie. C'est un homme
dans la fleur de l'âge, de première solidité et qui
peut à l'occasion fournir un apport de force considérable.

Nos deux autres compagnons sont des Cayennais :
Jeannette, plus connu sous le nom de Yo-Yo, et
Tanglera. Le premier est un quarteron presque blanc,
un « chabin », le second est d'un noir d'ébène. Le
vieux coureur des bois Jeannette, dit Yo-Yo, a cin-
quante-six ans. Il est maigre, sec comme le bois dont
on fait les pagaies, jamais fatigué, apte à toutes les
besognes. Il sait prospecter, ramer, cuisiner, laver
le linge, pêcher le poisson, chasser le gibier et au
besoin fabriquer des tisanes et s'improviser garde-
malade. Du matin au soir — et même la nuit —
Yo-Yo fume. Sa pipe a un très long tuyau, ce qui le
différencie de Tanglera, qui fume autant de tabac
en feuilles que son compère Jeannette, mais, lui, avec
une pipe toujours si courtement amputée que le four-
neau lui brûle les lèvres.

Yo-Yo Jeannette a la parole douce et toujours est
de bonne humeur; alors que Tanglera, qui a une voix
de stentor, ne sait rien dire sans tonner, ni rien faire
sans maugréer. En dehors de leur commune passion
pour le tabac, ces deux hommes qui, bien que bons

amis au fond, vivent pourtant en perpétuelle contra-
diction, s'entendent encore sur un point : leur faible
pour le « tafia ». Tout compte fait, ce sont quand
même de braves gens.

Tels étaient les quelques hommes qui nous accom-
pagnaient, le docteur Saillard et moi.

Dans notre esprit, la faiblesse de cette escorte mieux
que nos « Winchester » à répétition, devait assurer
notre sauvegarde en montrant clairement aux Indiens
que nous sommes des « pénétrateurs » pacifiques
et que nous venons à eux en toute confiance et sans
peur.

PIROGUE REMONTANT UN « SAUT »

CHAPITRE III

Nos hommes nous suivaient sans appréhension
chez les Roucouyennes. Cette tribu ne les effrayait
point, mais ils avaient une peur atroce, entretenue
par les légendes en cours, d'une certaine peuplade
indienne cantonnée au fond des bois, sur la rive
hollandaise, principalement dans les parages que
baigne la rivière Oulé-Mary.

Ces Indiens sauvages, insociables, sont désignés
sous les noms d'Arycoulets, d'Oyacoulets ou d'Oyaricoulets. La tradition veut qu'ils aient de grandes
oreilles, semblables à celles des ânes, des pieds
d'une longueur démesurée, une musculature surhu-
maine, des arcs gros comme le bras et d'une portée
inconcevable, un caractère des plus féroces. Tout
voyageur qui s'égare ou s'aventure parmi eux va
au-devant de la mort, car les Oyaricoulets ont la haine
de l'étranger et le sacrifient sans pitié. Ils s'élève-
raient, dit-on, dans les arbres avec une agilité de quadrumanes, seraient totalement nus et extrêmement
velus par nature, contrairement aux autres Indiens
qui ont le système pileux très peu développé. Ils
dédaignent de se peindre au roucou et paraissent
avoir la peau blanche. Leur regard a la fixité du
vautour et leur nez est long et crochu comme le bec

des gros aras. Enfin des cheveux et des barbes hirsutes et roussâtres compléteraient la physionomie rien moins que rassurante de ces terribles individus.

La vérité est beaucoup plus simple que ces fictions engendrés par l'imagination en travail des noirs bonis ou créoles (1).

Les Oyaricoulets sont des Peaux-Rouges de même race et de même corpulence que les autres; seulement ces Indiens, qu'on a trouvé bon de doter sans leur assentiment, sans qu'ils y soient pour rien, d'une réputation si peu engageante, évitent le bord des grandes rivières, se confinent à l'intérieur des bois, sont complètement réfractaires à la civilisation et ne veulent à aucun prix se laisser pénétrer par les autres races. Ils ignorent le luxe des perles, dédaignent l'ivresse du tafia, rejettent toutes les importations qui abâtardissent et veulent à tout prix rester ce qu'ils sont : des sauvages soit, mais des sauvages se suffisant à eux-mêmes, sans le concours des hommes d'autres couleurs et d'autres contrées.

Je dois dire que le docteur Saillard et moi avons tenté quelques incursions sur le territoire où sont censés habiter les Oyaricoulets de la légende, sans avoir pu, malgré notre désir, parvenir à en rencontrer, ne fût-ce qu'un seul.

M. Lavaux, de Saint-Laurent, qui passa dans ces parages en compagnie de l'explorateur Coudreau, n'en a jamais entrevu non plus et il nie leur existence sans restriction. Nul d'ailleurs de ceux qui leur prêtent d'aussi fantastiques qualités ou défauts ne les a aperçus et aucun des Roucouyennes — que nous inter-

(1) Il est utile que le lecteur sache que les noirs des Antilles et de la Guyane se parent du qualificatif de « créoles » du moment qu'ils sont citoyens français...

rogerons durant le voyage — ne pourra certifier avoir vu de ses yeux un Oyaricoulet.

Le vieux tamouchi (chef) du village appelé Yamaïké, que j'interviewai longuement sur ce point, est arrivé à sa vieillesse actuelle sans en avoir jamais vu un seul non plus. Mais il croit à leur existence comme tout le monde autour de lui y croit. L'assise sur laquelle il étaye sa croyance manque absolument de consistance. Qu'importe? Il lui suffit pour croire aux Oyaricoulets qu'on ait, il y a quelques années, capturé un énorme poisson aï-mara qui portait au travers du corps, le tronçon d'une flèche inconnue des chasseurs Roucouyennes.

— Donc, conclut-il, avec une naïveté et une crédulité qui désarment, ce ne pouvait être qu'une flèche d'Oyaricoulet.

De plus, un guerrier de son village s'étant un jour enfoncé dans l'intérieur de la forêt, y remarqua une empreinte, une seule d'ailleurs, qui devait appartenir à un pied démesuré, donc... d'Oyaricoulet.

Voilà les preuves sur lesquelles on s'appuie; il n'y en a pas d'autres. C'est tout, c'est peu, c'est rien; mais il n'y a pas de pires sourds que ceux qui ne veulent pas entendre, et les Indiens comme les Créoles et les noirs continueront à accorder créance à ce roman de l' « Indien à grandes oreilles », sans jamais convenir d'ailleurs qu'eux-mêmes l'ont forgé de toutes pièces.

. . . .

Les Oyaricoulets, tels que les imagine la tradition, sont admis sans l'ombre d'un doute par le cerveau d'Aponchy, et, lorsque nous atteindrons l'embouchure de l'Oulé-Mary, il ne manquera pas, bien que tremblant de peur, de s'aventurer jusqu'à une roche qui s'érige, comme un monument de sinistre mémoire, à l'entrée de cette rivière. Là, il commencera par cracher deux fois, et le plus loin possible, vers les sources de la crique, pour neutraliser les sorts malfaisants et les pièges que pourrait tramer l'ennemi, puis, plus tranquille après cette première et immunisante cérémonie, il rompra une galette de cassave et en jettera les morceaux dans le fleuve, ainsi qu'une large rasade de tafia, pour apaiser les mânes d'un aïeul occis traitreusement en cet endroit par les Oyaricoulets féroces, il y a longtemps, quatre-vingts ans peut-être.

... Ces idées préconçues et erronées ont été cause, l'an dernier, d'un conflit sanglant et regrettable, car il retardera, pendant de longues années encore, l'apprivoisement de ces pauvres Indiens de la brousse qualifiés à leur insu d'Oyaricoulets et auxquels vraisemblablement nous inspirons une frayeur qui ne le cède en rien à la crainte que nous avons d'eux.

Voici ce fait déplorable tel qu'en substance me l'a conté et décrit un Martiniquais, chercheur d'or, le noir Emilien Le Mol (1) qui, en haut de l'Awa, gère un magasin de vivres pour mineurs :

« — Nous étions, dit-il, huit hommes, huit Antillais qui étions entrés dans l'Oulé-Mary. Nous prospections depuis une semaine quand, un jour, un dimanche vers midi, nous apercevons en plein bois les cases d'un village. « Là ne peuvent habiter que des « Oyaricoulets » fut l'idée qui nous vint à tous. Nous

(1) Il est davantage connu, dans la région de l'Awa, sous le nom d'Emilien « Lotion » : ce surnom provient de ce que, comme beaucoup de noirs, il est très soigneux de sa personne et aime à se parfumer avec des « lotions » d'odeur, de fabrication parisienne.

chargeâmes nos armes, et, le fusil en arrêt, nous nous avançons avec prudence et précautions. En nous voyant, les Indiens s'étaient réfugiés sous leurs carbets. Ils ne vinrent point au-devant de nous : c'était mauvais signe. Un jeune Guadeloupien de dix-neuf ans, de nature nerveuse, ayant remarqué un des Peaux-Rouges qui se dissimulait derrière le tronc d'un wacapou, épaula son fusil, prêt à faire feu. Ce voyant, un Indien, un chef probablement, se précipita et saisit le canon de l'arme pour détourner le coup; en même temps, une femme s'élançait vers nous, tenant dans ses bras levés son tout jeune enfant, qu'elle nous présentait comme pour dire : « Ne tirez pas. »

« Le malheur, la fatalité voulut qu'un des prétendus Oyaricoulets, croyant sans doute à ce moment à la nécessité d'une défense, prit en main son arc qu'il tendit, après y avoir disposé son trait.

« — On va nous « flécher », défendons-nous, cria quelqu'un.

« A cette invitation, perdant son reste de sang-froid, le jeune compagnon dont j'ai parlé, entailla d'un coup de sabre d'abatis le cuir chevelu de l'Indien qui cherchait à le désarmer. Ce fut le signal d'une décharge sur le village et d'un affolement général. Les malheureux habitants s'enfuirent éperdus et notre groupe, lui, en toute hâte, reprit le chemin de son canot. Toute la nuit nous marchâmes à travers bois; le matin seulement nous atteignîmes l'embarcation. Nous étions démarrés et déjà au beau milieu de la crique quand des flèches s'abattirent sur la pirogue. L'homme qui patronnait (1) à l'arrière eut l'épaule transpercée. Nous quittâmes sans regret cette région inhospitalière où,

(1) Patronner signifie diriger l'embarcation en se servant de la pagaye comme d'un gouvernail.

pour mon compte, vous pouvez m'en croire, affirmait Emilien, je ne remettrai jamais les pieds. »

En résumé, le beau rôle dans cette affaire n'incombe pas précisément aux Antillais et les « terribles Oyaricoulets », bien inconscients du drame qu'ils provoquèrent, me font l'effet de pauvres gens craintifs qui, attaqués à l'improviste, à armes inégales, doivent se dire en se remémorant cette agression injustifiée, que les hommes qui viennent de loin sont à éviter, à l'égal d'un fléau : ne sont-ils pas, en effet, porteurs d'engins inconnus et terribles avec lesquels, sans avertissement préalable, ils fusillent les inoffensifs et malheureux Peaux-Rouges qui se rencontrent sur leur route?

... Qu'on m'excuse d'avoir insisté avec tant de détails sur ce qui a trait à la tribu des Oyaricoulets : mais n'est-ce point notre rôle, à nous qui passons des premiers par des pays inexplorés, n'est-ce point même un devoir que de réduire à leur juste limite, des légendes dont l'exagération peut entraver la marche et retarder les investigations de ceux qui, sur nos pas, viendront dans la suite?

. . . .

... Un fait plus digne d'attirer notre attention était la présence signalée dans l'Itany, où il faisait des acquisitions de flèches, arcs et hamacs, de Couachi, le seul Boni qui, avec Aponchy, ose se risquer chez les Indiens. Cet individu qui, paraît-il, a le coup de flèche facile pour son semblable, est proche parent du grand Man actuel, dont, par intérêt, il endosse les façons de voir et dont il accepte, en toute occasion, le mot d'ordre.

Or, Aponchy, ayant par nos soins reçu du gouverneur de la Guyane le titre de « capitaine de village » avec diplôme à l'appui et autorisation de porter un « costume approprié à sa nouvelle fonction », — c'est l'expression du parchemin officiel de nomination, — il est arrivé ce qui fatalement devait advenir : le grand Man des Bonis, majesté qui marche les pieds nus et se passe de mouchoir, a pris ombrage de la dignité conférée à notre protégé. Et malgré que la hauteur du plumet qu'il arbore comme marque honorifique sur un vieux képi de commandant de spahis africains défie toute concurrence, ses jours et ses nuits n'en sont pas moins hantés par le cauchemar obsédant de ce « costume approprié » que son riche voisin Aponchy fera sans nul doute chamarrer et galonner à profusion, Il pressent que cette puissance nouvelle va contre-balancer la sienne déjà fortement ébranlée, — car les traditions et les dieux s'en vont, même en pays boni, — et il cherche et cherchera à nous susciter des difficultés : entraver la marche de notre mission et l'accomplissement de notre programme serait évidemment le plus sûr moyen de diminuer l'importance et le prestige d'Aponchy qui nous sert de guide.

... Un Cayennais que connaît Jeannette, un nommé Jean-Baptiste Balame, qui est manchot, ayant eu la main et une partie de l'avant-bras arrachés par une cartouche de dynamite, nous conseille de nous méfier. Il nous avertit que le grand Man est venu jusqu'à l'entrée de l'Itany, il y a quelques jours, pour conférer avec son parent Couachi. Il était mécontent, et le disait ouvertement, de ne pas avoir été prévenu préalablement du passage de la mission : il imputait ce manque d'égard à Aponchy et déjà avait donné l'ordre aux piroguiers bonis, ses subordonnés, de ne pas travailler pour nous.

— Il pourrait bien se faire, ajoutait Balame, qu'il eût

donné consigne à Couachi, son émissaire, d'indisposer contre vous les Indiens chez qui vous allez séjourner.

Un Indien émerillon, Palaoua, qui, avec sa femme amaigrie et deux enfants rachitiques, est venu planter ses pénates sous la protection et dans l'orbe du poste hollandais dont j'ai parlé, appuie les dires du nègre Balame :

— N'acceptez rien, insiste-t-il, des Roucouyennes, rien qui se mange, rien qui se boive : ils ne sont pas honnêtes, ils sont faux, ils savent les « piayes » (secrets magiques) qui empoisonnent.

La sorcellerie des Roucouyennes nous importait peu, moins, à coup sûr, que les embûches que Couachi, homme à tout faire, pouvait dresser plus spécialement sous les pas de notre guide Aponchy : la disparition d'un homme est chose si facile dans ces parages où nulle protection n'exista jamais.

Trouve-t-on un cadavre traversé d'une flèche, comme cette flèche, dans le cas de guet-apens, est toujours anonyme, c'est-à-dire dépourvue de la signature particulière à chaque Indien qui marque ses traits, près de l'extrémité empennée, d'un minuscule bouquet de plumes de couleurs réservées à lui seul, on vide rapidement la question en disant que c'est un piaye, un sorcier, parfois lointain qui, sans souci de la distance et à travers l'espace, a décoché la flèche meurtrière... et, ici, cette explication satisfait tout le monde, jusqu'aux noirs de Cayenne qui admettent eux-mêmes parfaitement les incantations qui font mourir de loin.

Mais Aponchy est un brave. S'il redoute effroyablement les Oyaricoulets, en revanche Couachi ne lui inspire aucune frayeur.

— Moi jamais peur, fait-il, en caressant la batterie

de la carabine qui lui pend à l'épaule; et, pour remercier Jean-Baptiste Balame de son avertissement, il lui serre la main qui lui reste.

Un drôle de corps que ce Balame, ancien prospecteur. C'est en riant de toute sa face noire et avec la mimique d'un grand enfant, qu'il nous raconte son accident, son « malheur » comme il l'appelle : « Poum » la mèche a brûlé trop vite, la cartouche a explosé trop tôt et la dynamite a emporté sa main à quinze mètres de là. Il a retrouvé ses doigts, mais n'a jamais revu une bague en or vierge de douze grammes qui ornait son index. Ce détail l'amuse énormément et il s'en délecte comme d'une chose très plaisante. Il nous narre sa descente à Albina où il trouva enfin un chirurgien pour régulariser l'amputation. Il lui avait fallu neuf jours pour descendre le Maroni et ces terribles sauts qui ont noms Boni-Doro, Lensi-Dédé, Abounasounga, Polygoudoux, Koumarounyamnyam, Loca-Loca... neuf jours de canotage, neuf jours d'épouvantable fièvre où il n'avait pu clore l'œil, d'abord à cause de la douleur atroce qui tenaillait son bras gonflé à pleine peau, et aussi à cause du sang qui jaillissait dès qu'il cessait de surveiller sa ligature et son pansement plutôt sommaire.

Pendant ce récit, Jeannette avait abaissé sa pipe et s'était immobilisé dans une attitude qu'il jugeait digne et douloureuse... Il attendait une question :

— Qu'avez-vous? demanda Balame, qui n'avait pas un seul instant supposé que son affaire pût à ce point affecter Yo-Yo.

— Je pense à Charles, à mon malheureux frère...

— Comment « li fika »? Comment va-t-il? questionna Balame avec intérêt.

— Il est mort, répondit Yo-Yo.

Et il expliqua comment il s'était fait sauter le bras droit et les deux yeux en manipulant, lui aussi, une cartouche de dynamite. Il était dans l'Oyapock et se disposait à pêcher (1) un plat de « pimentade » — poissons et piments, la pimentade est un mets classique en Guyane. — Sa mèche également était trop courte, et à peine l'avait-il approchée du feu de sa cigarette que la dynamite éclata.

— C'est un malheur, affirma Balame qui, par politesse, s'était fait un air consterné.

Yo-Yo, après une pose et un soupir, ajouta, à la fois funèbre et fier de l'effet qu'il produisait :

— Charles avait la vie dure. Il ne mourut pas tout de suite. Mais quand il fut cicatrisé, le médecin eut beau lui dire qu'il était guéri, il ne le crut pas. Il se trouvait trop abîmé pour vivre, il s'acheva lui-même. Il y a huit semaines aujourd'hui, pendant la nuit, pendant qu'on dormait, il s'est détruit... avec une corde.

J'avais moi-même, à Cayenne, vu ce Charles Jeannette, prospecteur de valeur, l'aîné et le chef de la famille, quelques jours avant son trépas, alors qu'avec Yo-Yo, son frère, nous pressions nos préparatifs de départ.

Je l'avais félicité sur sa guérison :

— Après un tel accident, c'est une chance que vous

---

(1) La dynamite fait partie du bagage de tout prospecteur; elle lui sert à se procurer rapidement et aisément du poisson. Il allume la « mèche » au feu de sa pipe ou de sa cigarette et jette à l'eau la cartouche, le plus loin possible. Sitôt l'explosion, une quantité de poissons étourdis ou assommés par le choc, viennent flotter à la surface et se laissent cueillir à la main. Presque tous les accidents proviennent de ce que, par esprit d'économie, les noirs adaptent aux cartouches des mèches beaucoup trop courtes.

soyez encore vivant, avais-je insinué en guise de consolation.

— Vous appelez cela une chance? s'était-il exclamé, et, enlevant ses lunettes noires, il avait découvert ses orbites effrayantes et vides. Vous appelez cela guéri, Mais mes yeux, où sont-ils? me les a-t-on rendus? Non, je ne suis pas guéri, avait-il ajouté avec une résolution farouche, je suis même bien malade et dans quelques jours, je puis l'affirmer, je prendrai, au milieu de bien d'autres, ma place au champ des « Bambous » — c'est le nom du cimetière de Cayenne.

Il tint parole... Et n'est-il point excusable l'acte de ce désespéré énergique dont la vie s'était passée dans la lumière, l'action et la liberté et qui, brusquement, s'était trouvé plongé dans les affres de la cécité et emprisonné dans la carcasse d'un infirme!

D'étonnantes natures, en somme, que l'estropié Balame, que le suicidé Jeannette! Et si j'ai quelque peu insisté sur leur double aventure, c'est qu'ils ne sont pas les seuls de leur espèce. Ce sont « les types » sur lesquels sont modelés la plupart des chercheurs d'or, ceux surtout qu'on appelle les « maraudeurs ». Ces hommes, excessivement durs à leur corps, acquièrent, en fréquentant les bois, une philosophie dont la rudesse finit bientôt par défier l'âpreté des événements, par narguer la mort elle-même.

Le terme « maraudeur » nécessite un explication : on appelle maraudeurs en Guyane, des mineurs, des chercheurs d'or qui agissent isolément, en dehors des placers connus et organisés, et travaillent secrètement pour leur compte, sans s'être mis en règle avec la loi qui exige pour les recherches et prospections de l'or une inscription au « service des mines », un « permis d'exploration » qui coûte 50 francs l'an. Le maraudeur risque, lorsqu'il est surpris par la douane, de se voir confisquer le fruit de son labeur, sa récolte d'or (1). En somme, c'est un contrebandier, dont le métier n'implique rien de déshonorant, malgré son appellation : on est maraudeur comme on est boulanger, charpentier, cordonnier. C'est une profession comme une autre. Les maraudeurs sont d'ailleurs légion dans les bois de la Guyane. On les désigne encore sous le nom de « bricoleurs ». Ce sont eux qui ont fait toutes les découvertes aurifères importantes : l'Awa, le Carsewène, l'Inini, découvertes dont ils ne profitent généralement que fort peu, car, avec la voracité d'oiseaux de proie, dès qu'ils savent que des maraudeurs ont rencontré une crique qui « paie », c'est-à-dire qui donne de l'or, des financiers s'abattent sur la « découverte ». Et, après en avoir pris possession dans les règles légales, ils en font expulser sans pitié les infortunés maraudeurs, même... *manu militari...* par la main des gendarmes, si ceux-ci choqués à juste titre du procédé, s'insurgent contre un congé qu'ils considèrent, non sans raison, comme une flagrante injustice.

---

(1) Un adoucissement a été apporté à cette loi : les maraudeurs, bricoleurs, ceux qui travaillent moyennant une légère rétribution hebdomadaire sur certains placers peu fructueux et qu'on nomme des « permissionnaires » n'ont plus maintenant à redouter la confiscation. On leur réclame une dîme de 16 francs par kilogramme d'or.

CHAPITRE IV

Arrivée au premier village indien. — Le « tamouchi » (chef) Calamou. — Comment il pratique l'hospitalité. — Usages et mœurs
des Peaux-Rouges.

Ce jour-là, le 11 septembre, un mercredi de la saison
sèche, la chaleur est plus forte que jamais. Le soleil
à pic au-dessus de nos têtes déverse du feu. Le fleuve
reflète de la flamme. Des deux rives surchargées de
verdure s'élève en rafale aiguë, puis s'éteint progres-
sivement, la stridence du chant des cigales. Par ailleurs, du fond des bois, certains lézards à tête aplatie,
les agamans, émettent des sifflements prolongés très
comparables à ceux de locomotives lointaines. Dans
la demi-somnolence dont on se défend difficilement
au milieu de cette atmosphère surchauffée, nous
sommes presque tentés de croire qu'à peu de distance
doit se trouver une gare où de nombreux trains signa-
leraient leur présence. Accroupi, plutôt qu'assis, sur
l'avant étroit de la pirogue, Martin pagaye avec une
régularité d'automate, en esquissant à mi-voix un
chant très doux et très langoureux comme tous les
airs créoles. A l'arrière, Aponchy, silencieux, patronne,
dirige. Mais le voici qui étend le bras vers un coin du
rivage, où se remarque une éclaircie au milieu de la
végétation partout ailleurs dense et touffue :

— Là, dit-il, est l'abatis, le village de Calamou. Nous
allons nous y arrêter et nous y dormirons cette nuit.

On va donc pouvoir sortir de la fournaise où nous sommes plongés depuis plusieurs heures.

Nous abordons au dégrad (débarcadère) encombré de troncs d'arbres et d'approche malaisée, comme tous les dégrads de villages indiens.

Notre arrivée a été signalée par les femmes, et Calamou, jeune chef d'une trentaine d'années environ, est déjà là qui nous accueille, la main loyalement tendue.

Cet homme, superbe dans sa nudité presque complète, se dressant au bord du fleuve dans une apothéose de soleil et se détachant en rouge sur les verdures de la forêt, me fut une subite révélation du véritable rang de l'homme parmi les êtres créés : le primitif offre une harmonie de formes, une aisance et une majesté d'allures, une beauté générale qui, sans conteste, le consacre roi du monde vivant.

Les yeux de Calamou, dénués de cils et sans sourcils, — les Indiens s'épilent complètement le visage, — expriment la sincérité et le contentement.

En quelques mots Aponchy lui a dit qui nous sommes et, quand nous débarquons, Calamou nous accueille par ces mots :

— Arikito, yépé panakiri (salut, amis blancs).

Nous répondons :

— Arikito, tamouchi calina (salut, chef indien).

Puis nous suivons Calamou sur la colline toute proche où son village s'élève. Comme tous les autres villages indiens que nous rencontrerons sur notre parcours, le village de Calamou contient simplement quelques cases et peu d'habitants. Sa propre habitation révèle un certain goût. Elle est ronde; un toit pointu, très élevé, supporté par des piquets disposés de façon à permettre l'accrochage de nombreux hamacs, la constitue.

Point de clôture à cette maison. Quand on y dort on y fait de la cure en plein air. D'ailleurs, aucun Peau-Rouge n'a jamais songé à s'abriter derrière un entourage quelconque. Tous les actes de son existence s'effectuent au grand jour, à l'air libre.

Et s'il n'y avait point, dans son pays, des averses véritablement torrentielles et qui surviennent à l'improviste, jamais un Indien, roucouyenne ou autre, n'aurait songé à s'imposer le modeste effort que réclame la construction d'une toiture. Pourtant ce travail s'exécute aisément et vite, puisque partout et à portée de la main se trouvent des feuilles de palmiers macoupi, counana ou pataoua, — ce dernier le plus répandu mais le moins durable, — et qu'il suffit de les disposer en séries imbriquées l'une sur l'autre pour obtenir un abri de résistance parfaite contre les pluies équatoriales dont la chute lourde et dense est toujours perpendiculaire.

Les averses, les « grains », comme on dit en Guyane, sont annoncés quelques minutes à l'avance par le vent qui souffle en tempête et passe en mugissant à travers les arbres de la forêt qui tressaillent, s'agitent, se courbent et parfois se brisent, non sans danger pour le voyageur, sous le choc de l'ouragan. Puis la rafale cesse et l'eau tombe, et elle tombe avec une générosité, une ampleur, une surabondance qu'on ne soupçonne pas en Europe. Si l'on ne trouve point dès l'annonce, dès le début du grain, un refuge suffisamment protecteur, en moins d'une minute les vêtements sont transpercés, transformés en éponge et, de la tête aux pieds, c'est un ruissellement sur la peau, comme au sortir d'une douche bien appliquée.

... Comme chez tous les polygames, la femme, chez les Roucouyennes, est réduite à un état marqué d'infériorité.

Lorsque nous pénétrons sous la case de Calamou, sa jeune épouse, immobile, nous considère avec l'impassibilité d'une statue de marbre rouge. Sur un signe du maître, elle apporte et pose à terre, devant les bancs très bas, les « cololos », sur lesquels nous sommes assis, une sorte de galette blanche faite avec de la farine de manioc : c'est la « cassave » de l'hospitalité.

Nous en détachons une parcelle et la portons à notre bouche après l'avoir trempée dans une écœurante bouillie qui contient un excès de piments en macération.

Cette purée épaisse, qui résulte de farine de manioc délayée, puis concentrée dans un bain d'eau, sert aux Indiens de ragoût pour assaisonner tous leurs aliments, viandes ou poissons : c'est le « couabiou », sorte de condiment national.

... Calamou, qui tient à se montrer très hospitalier, fabrique avec des feuilles de tabac desséchées au soleil, de longues cigarettes enroulées dans une écorce mince comme du papier, dénommée tamouï (1). A mesure qu'il les confectionne, il les loge entre ses orteils transformés en porte-cigarettes; puis, quand il juge qu'il y en a suffisamment, il nous les distribue.

Pendant ce temps, Aponchy a satisfait la curiosité de Calamou qui, comme tous les Indiens, tient à connaître le nom de chacune des personnes qui pénètrent dans sa case.

Ici, il n'est pas de bonne réception sans « cachiri » ou « sagoula ». Calamou en fait apporter deux calebasses qu'il nous offre pour boire à la ronde.

Je me garde bien d'y porter même les lèvres. Il faudrait ignorer le mode de fabrication de ces liqueurs

____

(1) On dit aussi taouari.

fermentées pour en absorber. Leur préparation incombe aux femmes, aux vieilles de préférence. Rangées autour du vase où doit s'opérer la fermentation, elles mâchent et mastiquent du manioc et de l'igname qu'elles crachent ensuite avec leur salive (1) dans le récipient placé devant elles. Aponchy fait honneur à ces liquides... répugnants : il les trouve délectables.

La jeune femme de notre hôte s'appelle Mikalou. Elle a à peine seize ans. C'est la fille du chef d'un village situé plus haut, à quelques jours de pirogue. Son père s'appelle Panapi. Sur un signe de Calamou, qui la convie à prendre sa part à la dégustation du cachiri, Mikalou s'approche. Elle prend place à côté du maître, lui enlace le cou de son bras, incline sa tête sur la robuste épaule du chef et, dans cette pose d'abandon conjugal, nous regarde enfin, curieuse et enhardie.

De mon côté, je l'examine et détaille avec un vif intérêt les particularités de sa personne.

Comme Calamou et tous leurs congénères, Mikalou n'éprouve aucun besoin de recouvrir son corps d'inutiles vêtements. Un « kalimbé », un simple pagne, si l'on préfère, appendu à un cordon noué autour de la taille, constitue l'unique pièce d'habillement de Calamou. Et cela est d'une exiguïté telle que ce ne serait pas, je crois, en France, reconnu suffisant pour éviter au porteur un délit d'outrage aux bonnes mœurs. Mikalou, elle, est encore plus sommairement vêtue : la femme indienne n'emploie d'habitude pour se couvrir qu'un tout petit tablier carré, le « couyous », n'excédant pas trois fois la largeur de la main comme

(1) De même que M. Jourdain faisait de la prose sans le savoir, les Indiens font de la chimie : la salive, en effet, contient un ferment, la ptyaline, qui jouit de la propriété de transformer rapidement en alcool les amidons et fécules, comme le manioc.

dimension. Ce minuscule vêtement se confectionne avec des perles bleues et blanches, juxtaposées avec méthode et disposées de façon à former un dessin à la « grecque ».

Ce tablier ornemental s'attache au bas de la taille. Il ne cache que le devant du corps et ne tombe que jusqu'à mi-cuisses : tel quel, il suffit, sans plus, au bonheur et... à la pudeur des dames roucouyennes.

... S'ils ne portent pour ainsi dire aucune étoffe, par contre les Peaux-Rouges se surchargent de verroteries. Calamou et sa femme, qui sont des opulents, des élégants et des jeunes mariés, sont couverts de colliers superposés venant s'étager sur la poitrine; de bracelets s'échelonnant le long des bras et des jambes; d'écharpes portées en sautoir ou ceignant, chez la femme, la taille au-dessus du tablier; de pendants d'oreilles.

Ni l'or, ni l'argent, monnayés ou non, ne sont en faveur chez les Indiens et toutes ces parures sont fabriquées avec des perles communes, petites, invariablement blanches, bleues ou mauves, qu'ils assemblent avec du fil de coton tissé par eux. Entre les perles ils intercalent des séries de petits boutons de porcelaine : les plus vulgaires, — ceux dont usent encore nos campagnards, — sont les plus appréciés. Ils assortissent toutes ces couleurs et tous ces objets avec une certaine symétrie et un certain sens artistique, et ces parures rustiques et rudes, qui détonneraient dans toute autre région, s'harmonisent parfaitement avec la teinte rouge des corps qui les supportent. Ils produisent une chaleur de tons, une netteté d'éclat dont l'exagération s'atténue, disparaît même, sous le fol éclairage du soleil équatorial.

Hommes et femmes, chez les Indiens, portent la chevelure longue tombant sur la nuque jusqu'à la naissance du cou. Elle est séparée par une raie médiane et rognée sur le devant du front de façon à ne pas dépasser le niveau des sourcils absents. Leurs cheveux sont d'un noir de jais, épais, brillants, comparables, mais en plus fin cependant, aux crins du cheval. Les élégants les maintiennent en place au moyen d'un bandeau, d'une couronne plutôt, n'excédant pas la largeur du doigt comme diamètre et résultant de l'assemblage de plumes petites et fines autour d'un cordon central. Le jaune y domine, entrecoupé par places de segments noirs et rouges. L'ensemble a un certain cachet et dénote du goût.

C'est sur cette simple couronne comme base, qu'aux jours de fêtes, les Indiens, lorsqu'ils revêtent leur costume à danser, dressent plusieurs étages de plumes diversement colorées. Le tout est surmonté par de longues aigrettes qui s'agitent pendant les évolutions du danseur.

Le costume d'apparat pour danse qui s'ajoute aux habituels ornements de perles, est spécialement emprunté aux oiseaux, de préférence aux aras, les plus resplendissants des perroquets. Ils consistent en plumets vivement colorés qui se dressent sur les épaules et s'élancent de chaque côté de la tête : Au sommet de ces panaches sont appendus des élythres de coléoptères appeler par les Indiens « drapo-drapo », lesquels au moindre mouvement, s'ébranlent, tremblent, bruissent et étincellent d'une infinité de reflets mordorés.

Au jour de gala, les danseurs rehaussent encore l'originalité de ce brillant accoutrement, par l'adjonction d'un large collier multicolore fait de plumages superposés. De plus ils ornent leur dos d'une sorte de mantelet très réduit, rigide comme une chasuble sacerdotale et marqueté très habilement de dessins bizarres, formés par des duvets de nuances variées. Comme franges, ils y adaptent une rangée d'ailes d'insectes desséchées, brillantes et sonores.

Ils s'entourent les chevilles, au-dessus du cou-de-pied, de chaînettes de couayes : ce sont de grosses graines parcheminées, sèches, dures, anguleuses, avec un noyau ballottant dans une cavité centrale, y faisant office de battant de grelot et engendrant un tapage assourdissant lorsque les jambes entrent en mouvement.

Ces costumes sont de mise dans les deux danses classiques, — nationales pourrait-on dire, si, au lieu de quelques tribus éparses et insignifiantes comme chiffre, les Indiens constituaient encore de nos jours une race unie et nombreuse, — les deux danses de l'Acomeu et du Toulé, qui s'exécutent de nuit, aux feux des brasiers et des torches imprégnées de résine d'encens.

La danse du Toulé s'accompagne d'un grand renfort de musique : les flûtistes aux instruments de bambou ou d'os de biche percés de trous s'en donnent à cœur joie.

L'Acomeu se mime, un bouquet de feuilles vertes à la main : quand la fête est près de s'achever, messieurs les Indiens permettent au sexe faible d'y prendre part; c'est une des très rares danses où la femme soit admise.

Il existe une troisième danse, la danse du « Pono », la danse du Fouet, vieille comme la race. Elle se développe en plein jour et avec un attirail spécial. Les danseurs sont de jeunes hommes des villages voisins. Un carbet leur est réservé sur l'emplacement de la fête : ils y pénètrent, débusquant de la forêt environnante, l'un après l'autre et demeurent masqués pendant les premiers jours de réjouissances : le but est de rester inconnu et impénétrable, et d'intriguer ainsi la curiosité des hôtes le plus longtemps possible.

Le danseur du Pono est claquemuré dans son vêtement de danse comme dans une geôle qui l'alourdit, l'enferme et le dérobe de toutes parts : il a d'abord le chef surmonté d'une haute coiffure ayant comme charpente une écorce noirâtre d'où pendent des lanières juxtaposées, suffisamment proches et assez longues pour masquer son visage et dissimuler ses traits. Cette coiffure ressemble assez à une toque géante de juge. Pour compléter le déguisement, du cou jusqu'aux pieds tombe un manteau vaste et roide, également confectionné avec des lanières d'une écorce tannique que l'on rend brunâtre grâce à une macération préalable dans le courant d'une crique ferrugineuse. Toutes ces lanières assemblées et unies au moyen de fibres végétales, forment une sorte de longue et roide pèlerine assez semblable comme aspect d'ensemble à ces immenses et grossières « limousines » dont se servent encore, aux jours de pluie, les charretiers et bergers de nos pays.

Dans cette manière de petit monument portatif est ménagé, à hauteur d'épaule, un orifice pour la sortie du bras... lequel bras est nanti du Pono, c'est-à-dire d'un immense fouet tressé de fibres d'aloès, dont la longueur souvent excède trois ou quatre mètres. Un danseur de Pono est d'autant plus considéré qu'il excelle à manœuvrer cette corde, — ce « câble » serait plus juste, — dont le claquement formidable peut se répercuter sous bois à plusieurs kilomètres.

Primitivement le Pono était une danse consécutive à un deuil et pendant qu'elle s'exécutait, les acteurs, pour s'exciter à la douleur, se fouaillaient réciproquement de leurs longues et cinglantes lanières. Cet exercice, jadis sanglant, a perdu, on le voit, de sa barbarie première.

Toutes ces fêtes s'accompagnent et se terminent inévitablement par des orgies de victuailles et de liquides. On mange jusqu'à plus faim, on boit jusqu'à plus soif. Un danseur qui se pique de politesse et prétend aux belles façons, ne manquera pas, dans ces réunions joyeuses, de manifester l'état de sa satisfaction et l'ampleur de son contentement en restituant dans le giron de ses hôtes le trop-plein des « cachiris » ingurgités. De la part de l'invité, ce genre de remerciement constitue une flatterie des plus savoureuses qui va droit au cœur d'un Roucouyenne...

. . . .

... On rencontre, dans presque tous les villages, des jeunes gens qui ont l'air, comme l'âne de la fable, d'être surchargés de reliques : en plus de la couronne de plumes où domine le jaune, ils ont le cou et les épaules encombrés de tout un matériel de boutons et de perles qui doivent peser plusieurs kilos. Sur le devant de la poitrine, un peigne en bois indigène, un miroir comme en ont les soldats brésiliens, un minuscule flacon de teinture de génipa qui sert à se barioler de noir aux jours d'importance, s'étalent en guise de pendentifs entre les rangées de colliers. Quelques autres objets portatifs, des flûtes, des casse-têtes menus en bois de fer, — ces derniers appendus aux poignets, — complètent ce déploiement de luxe inaccoutumé. Enfin de lourdes et épaisses tresses en poils de singe koata, telles qu'en portent les « Calina » (Indiens) qui viennent de la rivière Marouini, achèvent, en ceinturant et élargissant leur taille, ainsi que l'exige la mode, de parfaire cette toilette raffinée et de haut ton.

Mais quels sont ces jeunes « arbitres de l'élégance locale »? Simplement des visiteurs, des Indiens de passage, des adolescents dont la jeunesse se forme en voyageant, qui viennent souvent de loin tendre leur hamac sous le carbet des voyageurs et qui sont tenus, pour faire honneur à leurs hôtes du moment, à exhiber sur leur personne toutes les richesses qu'ils possèdent.

Les Peaux-Rouges se plaisent infiniment aux visites et ils excellent à les faire au moment où ils savent trouver chez leurs amis bonne chère et bon cachiri. Ils ne se déplaceront jamais pour relever le moral de voisins dépourvus de provisions et réduits à la portion congrue. Ils savent flairer le moment propice.

La plupart des Indiens relèvent la simplicité du pagne par l'adjonction de ceintures en coton tissées par leurs femmes, qu'ils portent bas sur les hanches. Avoir le ventre gros et la taille épaisse leur semble un signe de noblesse, une marque d'élégance. Aussi, pour atteindre ce résultat, quelques-uns superposent jusqu'à trois ou quatre de ces ceintures, l'une sur l'autre.

Presque tous les jeunes gens s'ornent encore de jarretières fixées au-dessous du genou, d'où pendillent jusqu'à mi-jambe de ténues et multiples franges qui sont d'un effet très caractéristique. Les femmes, elles, n'ont droit comme jarretière qu'à un simple ruban non effiloché qu'elles serrent jusqu'à étrangler le mollet, jusqu'à y imprimer une rainure.

Toutes les pièces d'habillement d'un Indien — et son hamac lui-même — deviennent rouges par suite du continuel contact avec son corps enduit de roucou : les Roucouyennes, il faut qu'on le sache, ne possèdent pas naturellement cette magnifique et ardente coloration rouge que nous leur connaissons : la couleur normale de leur peau est d'un brun rougeâtre, de ton un peu passé, assez semblable à la teinte des feuilles mortes ou de la terre cuite. Contrairement à l'opinion qui a généralement cours en Europe, ce n'est qu'artificiellement qu'ils deviennent vraiment des « Peaux-Rouges », dans toute l'acception du terme : et c'est en s'oignant l'épiderme, de la cime des cheveux à la plante des pieds, avec le « roucou » (1), qu'ils acquièrent leur aspect pourpré. Ils allient cette substance tinctoriale à de la graisse de palmier, à de l'huile de carapa, d'odeur chaude et pénétrante, et obtiennent, en malaxant le tout ensemble, une sorte d'onguent avec lequel je vis, le soir même de mon arrivée, Calamou et sa jeune femme se frotter et se peindre mutuellement le corps en toute sa surface.

.   .   .   .

A notre requête, Calamou dépêche un jeune homme de passage, un jeune visiteur, nommé Alacamouïs, avec mission de recruter dans un petit village voisin, des barques et des hommes acceptant de nous accompagner dans la suite de l'expédition. Pendant ce temps, lui-même, nanti de mon fusil dont il saisit sans peine le maniement, disparaît, pourvu de quatre cartouches, dans la forêt : il s'est engagé à rapporter du gibier pour le repas du soir.

---

(1) On sait que le rouge est asolaire : ces sauvages, par simple intuition, ont donc trouvé pour teindre leur corps et le préserver des coups de soleil, le produit colorant que leur eussent indiqué nos physiciens et chimistes.

LE « TAMOUCHI » CALAMOU
CHEF DU PREMIER VILLAGE INDIEN DE L'ITANY

LE « PIAYE » ALERZO ET LE DOCTEUR TRIPOT

CHAPITRE V

Alacamouïs revint après une heure d'absence. Il ramène quatre canots chargés d'hommes, de femmes et d'enfants. Le coup d'œil est magique pour un inhabitué. Ces pirogues avec leurs rouges pagayeurs, glissant sur l'eau baignée de soleil, c'est pour moi l'apparition de tout un monde bizarre, inconnu, nouveau, presque insoupçonné jusqu'ici.

... Les Indiens sont d'une curiosité illimitée. Les femmes surtout sont bien d'indéniables et authentiques descendantes d'Eve. Comme ils obéissent à leurs impulsions sans être tributaires de ces hontes conventionnelles qui résultent chez nous de l'éducation, tous, indistinctement, se précipitent sur nos cantines, nos caisses, nos « pagaras » (malles guyanaises en fibres d'arouman) et, les couvercles ouverts, se repaissent les yeux avec des mimiques interrogatives, des stupéfactions d'enfants contemplant dans les galeries d'un bazar des jouets surprenantes et tentateurs.

Cette curiosité peut aller jusqu'à l'indiscrétion la plus complète. Je ne tardai pas à m'en apercevoir. Au sortir d'un bain que je venais de prendre dans le fleuve, la foule intriguée se précipita vers moi et là, avec des réflexions que dans l'incertitude je préférais croire flatteuses pour mon individu, on me tiraillait la peau pour voir si elle adhérait au corps, si ce n'était pas une enveloppe superposée, si elle était froide ou chaude et quelques-uns la comparaient à la leur en juxtaposant leurs bras à côté des miens. Enfin, je puis me vanter d'avoir eu là une minute de célébrité foraine, d'avoir été en cet instant de mon existence un numéro sensationnel, un homme phénomène. Je profitai de leurs heureuses dispositions pour mettre une bonne fois pour toutes le comble à leurs étonnements : j'actionnai le mécanisme d'un phonographe et quand, stupéfaits d'admiration, ils eurent ouï les airs de *Faust* et de *la Juive* qui sortirent de la boîte enchantée, ils s'écartèrent à distance respectueuse et me proclamèrent le plus puissant des piayes (sorciers) de la terre.

... Je traitai de suite avec trois des nouveaux venus, les chefs de famille Epouïn, Talaman et Touampé. Il fut convenu qu'ils se mettraient à ma disposition jusqu'au village de Panapi, situé à mi-route des Tumuc-Humac. On les paya d'avance avec des articles de traite. Quelques colliers de perles blanches et bleues qu'ils affectionnent, des peignes en os, de petits miroirs de poche, du fil, des aiguilles, des épingles dites de nourrice dont ils ornent leurs colliers et leur chevelure, ne pouvant les fixer sur des vêtements absents, firent les frais de cette transaction.

... Sur ces entrefaites des voyageurs descendant du haut Marouini, ceux-là ceinturés de larges bandes noires de poils de « koata », nous fournirent deux nouvelles recrues : Alepto, homme au regard toujours inquiet et en éveil, et Commissé qui, avec sa tête rasée jusqu'au cuir, semble un pauvre hère rapetissé et ratatiné au milieu de ses congénères chevelus. Ce Commissé est un type.

A peine débarqué chez Calamou, il appréhende tous ceux qui veulent bien se laisser faire, passe un bras par-dessus l'épaule à l'un, un bras autour du cou à l'autre et ceux-ci répétant la même manœuvre à l'égard des voisins, bientôt se forme un cercle de gens accroupis et mutuellement enchaînés par les bras. Tous alors, les yeux fixés à terre, entonnent, sous la direction de Commissé le tondu qui dirige le chœur avec une gravité d'officiant, un hymne lent, lugubre, funèbre : c'est la « Chanson des larmes » dont les strophes s'enchaînent aux strophes et qui ne cessera que lorsque Commissé aphone se reconnaîtra à bout d'haleine... A la fin de chaque stance revenait, sangloté comme un appel douloureux, comme un cri de désespoir, le nom de « Galatha! Galatha! Galatha! »

Que signifie cette litanie lacrymatoire et lamentable? Elle signifie que Commissé est veuf, qu'il a perdu sa femme décédée en cours de route et que c'est en signe de deuil qu'il s'est rasé la tête. A en juger par les regrets qu'elle inspire à Commissé, n'étant plus, je suppose que de son vivant cette Galatha, si bruyamment regrettée, devait être une incomparable épouse.

Le lendemain, le surlendemain, les jours suivants, l'assourdissante cérémonie ne cessa de se répéter à tout propos et... hors de propos. Nous nous aperçûmes que Commissé sacrifiait plutôt à une coutume obligatoire qu'à une affliction véritablement sincère. Cet homme, avec son deuil indiscret et tapageur, devenait réellement agaçant, encombrant. Il usait et abusait de son état de veuf inconsolable pour nous rompre les oreilles, sans aucun souci des bornes per-

mises. Même en plein fleuve, il accostait les canots
de rencontre, s'accrochait à eux et y allait de sa
mélopée à la défunte.

Au début, nous avions plaint Commissé — ce
pauvre Commisse — qui avait perdu sa Galatha,
mais, à la fin, quand il s'accroupissait à nouveau
pour recommencer sa sempiternelle complainte, le
pied nous démangeait et nous étions fortement
tentés de mettre un terme à sa douleur d'âme en lui
en provoquant une autre d'ordre moins immaté-
rielle... et plus effective... au bas de l'échine.

Commissé nous quitta après trois jours de voyage.
Il s'arrêta et se fixa au village de Yamaïké. Il était
temps qu'il s'en allât, car nous n'aurions pu supporter
plus longtemps les jérémiades de ce pauvre être qui
se complaisait dans son rôle de veuf, comme un acteur
dans une scène à succès...

Il nous laisssa quelque chose de plus intéressant
que sa personne : sa pirogue, jolie, légère et de bonne
coupe. Nous la lui payâmes par un collier de perles
bleues, un peigne et une petite glace. Le tout pouvait
avoir une valeur de cinq francs d'argent français;
or, un canot comme le sien eût bien valu cent cinquante francs à Saint-Laurent ou chez les Bonis.

Je donne ce détail pour montrer que jusqu'ici les
Indiens ne sont pas exigeants et que le commerce
serait, avec de tels procédés d'acquisition, très rémunérateur chez eux, si commerce possible il y avait...
Mais avec des gens qui ne possèdent que le strict
indispensable, qui n'ont rien à échanger, rien à vendre...
il ne saurait y avoir l'ombre d'un marché.

Il n'y a, chez eux, qu'une industrie, le tissage,
très primitif d'ailleurs, du coton que les femmes
opèrent avec quelques instruments très rudimen-

taires, bobines, crochets, fuseaux, grossièrement taillés au couteau dans du bois. C'est avec ce coton qu'ils fabriquent leurs jarretières, leurs ceintures et leurs hamacs.

Mais encore, quand ils ont personnellement le hamac nécessaire, il ne leur viendrait pas à l'idée d'en confectionner un second — de réserve — qu'ils auraient pu vendre le cas échéant. Le Roucouyenne est trop insoucieux, et trop paresseux aussi, pour se livrer à l'exécution d'un travail qui ne soit indispensable, ni pressant au premier chef. Avec une semblable psychologie et avec des gens qui n'ont aucun besoin et qui sont trop indolents pour songer à s'en créer, jamais aucun trafic ne s'établira... on peut l'affirmer...

. . . .

Une heure avant la nuit, vers cinq heures, Calamoù réapparaît, débouchant de la brousse. Il s'avance, toujours impassible, à pas comptés. En ne lui voyant entre les mains rien autre chose que son arme, j'augure que sa chasse a été infructueuse. Cependant, de son cou, il détache une liane supportant une feuille de balisier, repliée plusieurs fois sur elle-même, et de ce sachet improvisé, emprunté à la forêt, il sort une perdrix grosse comme un poulet de notre pays. Puis avec la froide indifférence d'un homme qui n'a rien fait que d'ordinaire, il explique que dans la montagne là-haut, il a tué un maïpouri, un tapir. Comme preuve de ce que je considère comme une prouesse, car le tapir de la grosseur d'un poney constitue un beau coup de fusil, il envoie Mikalou chercher la crinière de l'animal qu'il a laissée à l'orée du bois.

Un chasseur indien qui se respecte se contente d'abattre le gros gibier, mais sa dignité lui interdit de rapporter lui-même ce fardeau. Ainsi d'ailleurs que tous les labeurs et charrois pénibles, ce soin incombe aux femmes qui ont vite fait, sur les indications du maître, de retrouver l'endroit où gît la pièce mise à mal.

Le tapir est un animal bizarre d'aspect. Il a le cou et les oreilles d'un âne, le corps et les jambes courtes du porc, des pieds de rhinocéros; le museau, qui s'allonge en une trompe très raccourcie, termine une tête trop petite par rapport au reste du corps, avec des yeux si minuscules et étroits qu'ils semblent à leur tour déplacés sur cette tête pourtant réduite. Sa chair est une des rares viandes rouges que l'on trouve dans ces bois pleins d'ombre où les bêtes ont en général les tissus très anémiés.

Grâce à ce tapir, dont Tanglera et Jeannette iront demain, en fumant leur inséparable pipe, prélever les meilleurs morceaux que nous ferons boucaner d'abord, puis sécher au grand soleil, nous allons être approvisionnés de « chair » pour plusieurs jours.

Calamou n'a dépensé que deux cartouches, une de « double zéro » pour le maïpouri et l'autre de « numéro six » pour la perdrix. On ne peut demander mieux à un chasseur. Je l'étonne en le félicitant... car Calamou ne procède jamais autrement : en chasse, aucun de ses coups — flèches ou plombs — n'est perdu.

Les Indiens ont, comme chasseurs, un flair spécial que ne possédera jamais un blanc, pas même un noir. Cela tient à ce que leur éducation essentiellement, exclusivement physique, tend uniquement à développer leurs aptitudes héréditaires pour la chasse et la pêche.

Dès qu'ils commencent à marcher, on leur met en

mains un arc adapté à leur petite taille et une pagaie
enfantine. J'ai vu dans le dernier des villages où je
passai dans l'Itany, un tout petit garçon qui n'avait
pas certes trois ans et qui, à la grande satisfaction
de ses parents flattés dans leur amour-propre, fléchait
déjà avec une certaine adresse un énorme ara rouge
apprivoisé qui se laissait faire.

Les Roucouyennes, — et ils ne sont pas les seuls,
les Oyampis, les Yacopoyes, les Comayanas, les Trios,
leur sont de dignes émules en ce point — imitent à
la perfection tous les cris d'animaux, tous les chants
d'oiseaux. Ceux-ci s'y trompent et, victimes de leur
illusion, accourent d'eux-mêmes s'exposer aux coups
du chasseur, le prenant pour un congénère. J'ai vu
des singes noirs, d'intelligents koatas, tomber dans
le piège et venir se faire tuer sans le moindre soupçon...

Il faut dire encore à l'actif du chasseur indien
qu'il procède et se faufile sans le moindre bruit au
travers des lianes les plus enchevêtrées et des four-
rés les plus inextricables. Son pied, qui est conditionné pour le bois et la rivière, s'adapte, se colle,
se moule pour mieux dire sur le plan qu'il foule :
arbres en travers des ruisseaux ou roches au fond
des rivières. Le gros orteil, sensiblement écarté des
autres doigts, a des phalanges très mobiles et est
préhenseur : la femme roucouyenne s'en sert à
tout moment pour ramasser à terre de menus objets
qu'elle élève en pliant le genou et transmet ainsi
à sa main. Mais cette faculté, spéciale à la race, permet surtout à ces hommes de garder un équilibre
parfait dans des « passes » à peu près impossibles
pour d'autres. L'Indien, en outre, marche en portant
les jambes en dedans, de sorte que son pied droit et
son pied gauche se posent alternativement sur une

seule et même ligne droite, au lieu d'imprimer à terre un tracé de deux lignes distinctes et parallèles, comme c'est notre cas à nous qui appliquons les pieds au sol avec un certain écart.

En résumé, le Peau-Rouge est bien né, doué et éduqué pour le genre d'existence qui doit être son partage...

... Calamou — nous sommes décidément une paire d'amis — m'entraîne par le bras et me conduit vers un « boucan », sorte de gril grossier, composé de pieux fichés en terre et dont les extrémités fourchues supportent des branches entre-croisées. Sous ce léger, rustique et bas édifice, un feu flambe et fume, rôtissant doucement un gigantesque lézard, un saurien, un caïman tué la veille. Calamou tire de sa ceinture son couteau à lame de poignard, découpe une tranche de l'animal étalé et me la présentant :

— Ça bon, m'explique-t-il dans son idiome peu compliqué, prends, goûte, mange.

La chair est blanche, rappelant quelque peu la saveur du poulet. Mieux préparé, ce serait parfaitement mangeable.

En ce moment, Aponchy qui m'avait rejoint, dit en levant le doigt :

— Ecoute la perdrix ayonne. Tous les jours que fait Gadou (le bon Dieu), elle chante, sans jamais se tromper d'une minute, la première fois à cinq heures un quart, la deuxième fois à six heures.

Encore une journée qui va finir.

. . . .

Sous l'équateur, les jours sont invariables. Toute l'année, vers six heures du matin le soleil se lève. A six heures du soir, il se couche. Il n'y a, pour ainsi dire, ni aurore, ni crépuscule. Le jour apparaît dans son ampleur dès les premiers moments et la nuit se fait complète en quelques minutes.

Comme des horloges bien réglées, les crapauds donnent, dès ce moment, le signal des nocturnes concerts. Ils jettent dans l'espace une note, une seule, presque toujours attristante et variant, selon l'individu, du ton le plus grave au son le plus aigu. Et pendant que les lucioles, — les mouches de feu, — allument dans l'obscurité qui commence des milliers de zébrures lumineuses, on perçoit, arrivant de la forêt, des hurlements effroyables plus terrifiants, lorsqu'on ignore leur provenance, que les rugissements du lion ou les rauques aboiements du tigre. C'est le singe rouge, c'est le singe hurleur, qui entre en scène et comme il possède deux larynx avec une sorte de poche de résonance, il en profite pour faire un vacarme infernal. Les sons qu'il émet ressemblent en très amplifié aux râles d'agonie d'un porc qu'on égorge et, répercutés à travers la brousse et la nuit, ils produisent une impression extrêmement lugubre qui glace et énerve...

... Jusqu'au lendemain, la nature appartient aux êtres nocturnes : fauves, reptiles, vampires, insectes de toutes sortes, qui vont, viennent, se meuvent dans les ténèbres... et les hommes dorment, cessent d'agir, se confinent sous leurs cases ou sous des abris improvisés jusqu'au retour de la lumière...

. . . .

Calamou, voyant s'éteindre le soleil, nous indique l'emplacement de nos hamacs dans sa demeure :

— Là, me dit-il, en me montrant le sol au-dessus duquel se balance ma couche mobile, là est « Mama » et là se trouve « Pitani » (mon petit)... Tiniksé... Philipi... (bonne nuit, bonsoir).

Il nous quitte et Aponchy m'explique ces dernières paroles :

« Là est enterrée maman... Là est enterré mon petit. »

En somme, je vais avoir des compagnons de sommeil dont mon insomnie ne troublera pas le repos... Je vais dormir sur un cimetière...

Au-dessous de moi, sous une mince couche de terre, reposent enfermées dans des calebasses, les cendres de la mère de Calamou, de même que les restes d'un enfant né d'une précédente épouse, elle aussi décédée, mais, celle-là, inhumée ailleurs, sous la case de sa famille, en son village natal.

CHAPITRE VI

Les Indiens ignorent le « dégoût ». — Le piaye (sorcier) Alepto. —
Comment il traite ses malades. — Les incantations au diable. —
Départ de chez Calamou. — La cuisine roucouyenne. — Les
lézards iguanes et leurs œufs. — Le sommeil dans la brousse.

... Les Indiens brûlent leurs morts. Ils recueillent
les débris mortuaires dans une calebasse ou un vase
d'argile et les enterrent sous l'aire de leurs cases.
Quand ils désertent un village, ce qui arrive encore
assez fréquemment — il suffit pour cela qu'une épidémie ait fait des ravages dans la population ou
même simplement que le chef ait été averti en songe
qu'il doit changer de résidence — ils emportent pieusement, dans l'émigration, les reliques des défunts
qui suivent la fortune des vivants.

Un Indien décède-t-il en cours de voyage, ses
cendres sont toujours et fidèlement rapportées par
ses compagnons de route à son village et enfouies
sous sa demeure, selon la coutume.

J'ai interrogé des Roucouyennes et vainement
essayé de savoir si leur culte pour les morts provenait
d'une croyance en une survie quelconque : je n'ai
pu de nul d'entre eux — leur cerveau est d'ailleurs
fermé et réfractaire à toute idée abstraite et spé-
culative — obtenir une réponse satisfaisante. D'une
façon obscure cependant, ils admettraient un « au-
delà », puisque le rejet qu'ils font de certaines chairs,

pour l'alimentation résulte de ce qu'ils supposent que les morts peuvent s'incarner dans quelques animaux supérieurs.

Je crois au surplus que les Roucouyennes obéissent aveuglément à des traditions séculaires, mais qu'ils n'ont jamais essayé de comprendre le « pourquoi », la cause ou le but de leurs coutumes, usages et croyances. Dans leur cas, le développement excessif des sens physiques, extérieurs, a tué la faculté de penser et étouffé le travail de l'idée, le processus du raisonnement... et cela à un degré incroyable. C'est ainsi qu'une photographie leur est totalement incompréhensible. J'ai fait maintes fois l'expérience. Ils n'y distinguent rien de plus que du blanc et du noir... Et ils la tiennent indifféremment la tête en bas ou de côté, sans aucunement percevoir l'image que la juxtaposition des teintes représente...

... Les Roucouyennes affectionnent particulièrement leur progéniture. Lorsque au jour je m'éveillai, je vis Calamou qui, ayant pris dans son hamac un fils tout jeune, — deux ans à peine, — né de sa précédente femme, le câlinait et le caressait tendrement. Le petit se laissait faire, heureux. Puis le père procéda à une toilette matinale : avec le fil de son couteau, il lui rasa les sourcils, lui coupa et enleva les cils. Ensuite, il inspecta le corps, les pieds surtout où des « chiques » s'étaient insinuées sous l'épiderme, et avaient indûment élu domicile, puis ce fut le tour de la tête dont la population intempestive fut expulsée avec mise à mort.

Etendu sur les genoux du père, l'enfant se laissait faire avec la docilité d'un petit cadavre, et à la fin il s'endormit.

Malgré mon désir de l'admirer à tout prix, Calamou,

dans l'accomplissement de ce devoir, m'a quelque peu choqué. Je lui trouve la fibre paternelle par trop développée : il ne se contente pas seulement d'affectionner son fils, il aime même les minuscules parasites cueillis sur l'enfant... et il les aime... jusqu'à se les mettre sous la dent. C'est un réel désenchantement : j'aurais voulu que mon ami Calamou fût plus éclectique que ses pareils, qui, eux, je le sais pour les avoir vus à l'œuvre maintes et maintes fois, profitent de tous leurs moments de loisir pour s'asseoir ou plutôt s'accroupir à la file, les uns derrière les autres, et se livrer avec une charitable réciprocité à une chasse, d'ailleurs profitable au chasseur... puisqu'il croque séance tenante le... gibier... capturé dans l'épaisse chevelure livrée à son investigation.

On est attristé en constatant que ces gens, dont la distinction corporelle est indéniable et séduisante, sont affligés, dans les actes usuels de la vie, d'une si totale ignorance de la propreté, que leur commerce devient vite pénible, impossible même pour un Européen. Car nous avons, nous, les blancs, un sens qui, bien que non catalogué, n'en existe pas moins : le sens du « dégoût ». Eux, les Indiens, l'ignorent...

... Le mouchoir... le mouchoir, cette véritable pierre de touche de la civilisation leur est, bien entendu, inconnu. On aurait mauvaise grâce à leur en faire reproche; mais ce qu'on ne peut tolérer sans nausée, c'est de leur voir affecter au même usage la peau de leur poitrine, de leurs bras et de leurs jambes sur laquelle ils essuient avec une sérénité parfaite, leurs doigts devenus malpropres : car le sauvage, même le plus expert, ne saurait se moucher... à la façon du premier homme..., impunément... : il en reste toujours quelque chose...

Cette seconde journée chez le tamouchi Calamou se passa sans incident; il n'en fut pas de même de la nuit.

Vers le soir arriva une famille avec un jeune enfant malade. Ces gens venaient de loin : c'étaient des Indiens du haut Yari. L'enfant, la nuit précédente, avait pris froid. Il était abattu, avait une toux rauque. Dès que son hamac fut installé, la mère y déposa son nourrisson, puis commença une incantation très douce, très triste, très mélancolique, entrecoupée de sanglots. Elle adjurait le diable, le démon qui s'était introduit dans le corps de son fils d'avoir pitié et de cesser ses maléfices... Son chant suppliant dura longtemps.

Dans la nuit, vers minuit, je fus réveillé par cette mère affligée qui, de nouveau, reprenait avec plus d'insistance dans la voix, son chant plus douloureux encore.

Qu'y avait-il?

Calamou, qui passait ayant à la main une torche confectionnée, selon la mode indienne, avec un bâton de résine d'encens, me dit :

— Pitani apsic natati (son enfant est presque mort).

Impérieuse, une voix d'homme s'éleva alors dans l'ombre : cette voix, forte comme une tempête, rapide comme un vent d'ouragan, exprimait la fureur, le reproche et le commandement. C'était Alepto, le piaye, l'homme au regard toujours inquiet et mobile qui, se frappant la poitrine et le ventre à coups redoublés et heurtant avec rage le sol de son talon nu, intimait au diable Yoloch d'avoir à sortir du corps de l'enfant malade.

Après avoir, avec des éclats de colère, injurié l' « Esprit malin », il finit par entrer en composition avec le « Malfaisant ». Et je compris que, pour cesser de tourmenter l'enfant, Yoloch, le diable, exigeait un collier de perles bleues de deux tours de cou. Les parents du malade acquiescèrent et Yoloch, satisfait, passa, ainsi que le proclamèrent les assistants, du corps de l'enfant dans celui du piaye exténué de fatigue, ruisselant de sueur.

... Le lendemain, à la suite du rude labeur de la nuit, Alepto le sorcier guérisseur était aphone, mais il avait autour du cou deux rangées de perles bleues que je ne lui connaissais point la veille : c'est au piaye, en effet, incarnation de Yoloch, que se paie le tribut réclamé dans ces circonstances. L'enfant, d'ailleurs, allait mieux. Il avait eu simplement de la laryngite striduleuse, ce que nous appelons le faux croup, maladie qui inspire beaucoup d'effroi, mais n'est généralement pas dangereuse.

Alepto — que je félicitai — compléta le lendemain sa cure par une sorte d'exorcisme beaucoup moins dramatique, au cours duquel il répétait, avec une volubilité extrême, les trois mots : « Saponett, Croisett, Alimi », qui sont, paraît-il, les noms de démons inférieurs, moins importants que Yoloch.

Il termina sa « conjuration » en soufflant et crachant trois fois sur le cou, siège de la souffrance du petit malade...

... Cet Alepto est un homme intelligent. Son œil est toujours en éveil et, à première vue, l'on devine que chez lui le cerveau s'est départi de l'inertie qui immobilise la pensée et le travail de l'intellect chez ceux qui l'entourent...

... Les Indiens ne savent pas traiter leurs malades autrement que par ces « piayeries ». Toute maladie, selon leur croyance, est due à un démon qui s'est logé dans le corps. Le « piaye » a seul autorité pour l'en chasser. Les incantations consacrées se font toujours la nuit, pendant le règne de la lune : à la clarté qui s'en dégage est attribuée une action des plus nécessaires dans ces cérémonies d'exorcisme. Les sorcelleries du piaye, de même que les chants expiatoires si plaintifs qui précèdent, accompagnent ou suivent son entrée en scène, doivent rituellement commencer au moment où la lune touche une étoile déterminée, pour ne cesser qu'au moment où elle disparaît, masquée derrière des nuages de contour spécial ou noyée dans la vague aurore du pays indien.

Alepto, pour apparaître dans son rôle, choisissait, lui, l'instant où l'astre lunaire venait mêler la lueur de son disque aux rayons pâles et indécis d'une étoile qu'il appelait « Cébita » (?)

Presque quotidiennement, pendant notre voyage, de semblables concerts s'élèveront, semant dans la nuit des sanglots et des gémissements qui, lentement, s'en iront, avec une mélancolie impressionnante, se perdre au loin sur la surface argentée du fleuve ou s'éteindre dans les profondeurs obscures des bois...

Il n'existe point, chez les Indiens, de chants qui ne soient une manifestation de souffrance et de détresse : jamais je n'ai entendu le rythme heureux et enthousiaste d'un *Te Deum* de triomphe ou d'un *Alleluia* d'allégresse. Cela tient à ce qu'ils ignorent la Divinité bienfaisante : d'où l'inutilité des remerciements célébrant la reconnaissance ou la joie. Le dieu auquel ils sacrifient est d'essence malfaisante. Il sème le malheur à pleines mains sur la race rouge : leur chants liturgiques seront donc fatalement, nécessairement, des expressions de crainte profonde, des reproches pleins d'amertume, parfois même des menaces ancrées sur le désespoir. C'est le cas lorsqu'on vient de voir mourir un des siens : Yoloch n'est plus ménagé et les insultes les plus blessantes lui sont octroyées avec largesse...

. . . .

En dehors de leurs incantations, les piayes, qui sont à la fois prêtres et médecins dans les tribus, recourent à quelques procédés curatifs plus efficaces : sur les plaies, ils disposent des onguents de résines reconnues comme siccatives et font des tisanes de plantes médicinales dont ils savent les propriétés. Sur les lésions inflammatoires, ils remplacent nos classiques et populaires cataplasmes par des tiges de plantes très aqueuses — le moucoumoucou par exemple, roseau très juteux des marécages — qu'ils font chauffer au-dessus d'un brasier et appliquent brûlantes après les avoir quelque peu triturées et écrasées, sur la région douloureuse. Toutes ces interventions pratiques ne se font pas, bien entendu, sans l'adjonction de paroles et signes cabalistiques...

Jadis, n'était pas piaye qui voulait. Le néophyte devait subir, avant l'initiation finale, des épreuves terribles pour les forces et la volonté humaines. Beaucoup ne pouvaient résister jusqu'au bout aux multiples tortures qu'on leur infligeait et succombaient terrassés avant d'arriver au but. Ils mouraient, mais jamais, affirment les anciens qui ont assisté autrefois à ces « consécrations », jamais l'énergie du postulant ne sombrait dans la lutte.

Quand le récipiendaire avait triomphé des horreurs de la faim et des poisons de toutes sortes qu'on lui introduisait dans l'organisme, depuis l'infusion de tabac jusqu'aux liquides les plus répugnants empruntés à des cadavres en putréfaction, il était alors enfin sacré piaye et sorcier, guérisseur et pontife. Son autorité prévalait sur celle des chefs les plus réputés. Il devenait un oracle indiscuté et redoutable. Dans les jugements, sa voix conférait la vie ou la mort...

Aujourd'hui le temps de ces épreuves atroces et barbares est passé, du moins chez les Roucouyennes... mais bien amoindrie, sinon passée est, elle aussi, la puissance des piayes actuels... dont j'ai vu discuter entre Indiens le plus ou moins de valeur comme guérisseurs. Partout, décidément, même en pays sauvage, les dieux s'en vont..., le prestige disparaît...

. . . .

Après un séjour de près d'une semaine, nous quittâmes le village de Calamou : lui, sa femme et sa sœur Tachy, dont le mari voyageait plus haut en quête d'un nouvel abatis, nous accompagnèrent, grossissant le chiffre de la petite flottille de pirogues indigènes qui devaient faire route avec nous. Alacamouïs me pria de l'admettre à nous suivre. Bien que nombreuses, ces petites embarcations ne nous étaient, à considérer chacune en particulier, que d'un concours utilitaire très réduit : lorsque l'Indien, qui ne se déplace jamais sans son matériel et sa famille, a entassé dans son canot son arc, ses flèches, son hamac, une marmite, ses femmes et ses enfants et la boîte en fibres végétales — le tollompo — où il remise ses parures, il ne reste plus guère de place disponible. Quelques-uns, les plus serviables, purent nous prendre une caisse, d'autres à peine un régime de bananes... et certains... rien du tout. En tout cas la rétribution de leur office nous était si peu coûteuse qu'il eût été impolitique de nous priver de cette escorte volontaire qui rehaussait notre prestige. De plus, il eût été cruel de frustrer ces grands enfants du plaisir qu'ils ressentaient en la compagnie des blancs.

Nous visitâmes, le jour même du départ, le petit

village d'Olipou, qui n'offre rien de particulier : même espèce de cases, même genre d'habitants, même manière de vivre que chez Calamou.

Les quelques renseignements recueillis sur l'emplacement géographique des villages indiens deviennent fatalement inexacts au bout de quelques années. Nous nous en aperçûmes en consultant les très sommaires et rares cartes qui traitent de cette contrée. Il est impossible en effet de dresser un plan définitif de la situation des centres où se groupent, sous la rubrique de village, ces Roucouyennes plutôt nomades que stationnaires... Certaines bourgades, comme Ochi, Apoïké, ont changé de rive plusieurs fois en une douzaine d'années.

La proximité d'un lieu habité nous est toujours révélée d'avance par le chant du coq dont le cri claironnant porte loin. C'est d'ailleurs une particularité à noter : tous les villages indiens possèdent des coqs, beaucoup de coqs, et fort peu de poules, juste ce qu'il faut de poules pour ne pas laisser dépérir d'ennui messeigneurs les coqs... A noter encore que ces coqs sont tous tout blancs. On sacrifie inexorablement ceux qui se permettent d'être autrement que d'une blancheur indiscutable. La raison de cette coutume, qui paraît singulière de prime abord, s'explique du fait que les oiseaux du pays ont la plupart des plumages merveilleusement riches, mais dépourvus de « blanc », et c'est pour remédier à cette disette, à cette pénurie préjudiciables au fini de leurs costumes de danse et de fête, que les Roucouyennes élèvent cette sorte de coqs, dont les plumes immaculées, par contraste avec les teintes plus vives, sont du meilleur effet dans les parures...

Quant aux poules elles n'ont aucune raison d'être

prisées puisque les Indiens dédaignent leurs œufs et les rejettent de l'alimentation comme pouvant être une cause de stérilité. Il est quantité de gibiers que les Peaux-Rouges excluent encore de leur nourriture : le maïpouri, par exemple, abattu par Calamou, nous fut laissé pour compte. Les Roucouyennes n'en voulurent point manger.

Les animaux dépassant une certaine grosseur sont interdits aux jeunes gens n'ayant pas atteint un âge déterminé.

En règle générale, l'enfant, comme aussi l'adolescent qui n'a pas encore subi les épreuves d'homme fait, « de peito », ne doit satisfaire sa faim qu'avec des pièces de petite taille, les seules d'ailleurs, qu'en raison de son inexpérience ou de sa faiblesse il soit autorisé à flécher.

J'eus comme compagnon de route un jeune garçon d'une quinzaine d'années, originaire de la rivière Yari, nommé Atalia, qui serait mort de faim plutôt que de partager notre ordinaire dont tour à tour faisaient les frais le hocco à face de dindon, la maraye aux ailes ardoisées, l'agami aux plumes cendrées, soyeuses et frisées, le toucan carnavalesque avec son bec énorme et ridicule, l'ara resplendissant, dont la chair dégage un parfum pénétrant de persil; à plus fortes raisons n'eût-il point touché aux animaux à poil tels que le patira ou pécari qui ressemble en petit et en plus foncé à notre sanglier; le kariacou, sorte de biche dont la chair rappelle celle du mouton; l'acouchi, rongeur fluet, roux et gracile qui fait, comme forme et grosseur, l'intermédiaire entre l'écureuil et le rat; l'agouti qui remplace le lièvre en Amérique; le pack, dont la chair fait prime et qui vit dans des terriers proches des rivières; le cabiaï, rongeur géant aux pattes à demi palmées et qui excelle à nager : j'ai tué de ces derniers dans l'Itany qui présentaient la dimension d'un porc. Le cabiaï âgé est à peine mangeable à cause de l'odeur forte et écœurante qui envahit ses graisses à mesure qu'il vieillit.

Notre table, ainsi alimentée au jour le jour par la chasse, fut des plus variées et des mieux pourvues pendant notre parcours en ce pays où toutes les espèces de gibier abondent. Dans nos casseroles affluèrent les produits les plus étranges et les plus disparates de la création : depuis l'aigrette immaculée en sa blancheur de neige, jusqu'aux perroquets et perruches les plus rares; depuis la lente tortue et le tatou impur et écailleux, jusqu'aux singes les plus bizarres : petits tamarins à tête de lion, macaques à grimaces de juge, sagouins malicieux et malpropres, aïs et unaus au poil laineux et à la lenteur proverbiale, d'où le nom de « moutons paresseux » sous lequel on désigne encore ces primates singuliers aux longs bras indolents et griffus, au masque stupide d'idiots figés dans un perpétuel étonnement, et qui, pour s'éviter la fatigue d'une émigration, passent leur vie agrippés à un arbre unique, un bois-canon, dont ils dévorent le feuillage d'un côté pendant qu'il repousse de l'autre.

Mais entre toutes ces variétés, l'atèle-koata aux poils longs, rudes et noirs, est le plus estimé des indigènes. Ils considèrent ce singe comme le mets le plus délicieux; un vieil Indien, Oyampis, égaré chez les Roucouyennes, me donna la clef de cette préférence :

La chair du koata rappelle de très près, paraît-il, le souvenir et le goût de la viande humaine : c'est du moins ce que m'expliqua le Peau-Rouge en découvrant des incisives de carnassier, acérées et limées en pointe, qui ont dû fort probablement, dans le temps passé, s'exercer sur une nourriture plus choisie et plus noble que celle fournie par les gibiers à quatre pieds ou quatre mains...

... Les Indiens sont encore très friands d'un gros lézard vert végétarien, qui vit dans les feuillages des arbres inclinés sur la rivière où, comme une masse, il se laisse choir en cas d'alerte. Ces sauriens effectuent leur ponte en ce mois de septembre, où nous sommes, très justement appelé par nos compagnons rouges « ouanouaye », ce qui signifie « lune (ou mois) des lézards ». Ces lézards, ces iguanes sont en tel nombre sur notre parcours qu'on croirait pour un peu qu'ils s'y sont donné rendez-vous. Nos piroguiers vont pouvoir s'en repaître à bouche que veux-tu. Très prisé dans toute la Guyane, l'iguane vert, qui présente sur le dos et la queue une crête médiane, épineuse et saillante, mesure aisément un mètre de longueur. Il pond de trente à soixante œufs en une ou deux fois, dans des trous qu'il creuse sous le sable qui borde les rivières. Chaque jour, nos Indiens tueront plusieurs de ces lézards, dont quelques-uns, n'ayant pas encore effectué leur ponte, se métamorphoseront, quand on leur ouvrira le corps, en de véritables « garde-manger » remplis d'œufs.

Le soir, au gîte d'étape, on aperçoit d'invraisemblables approvisionnements de ces œufs que les Indiens ont découverts et déterrés avec un flair et une sûreté de coup d'œil qui n'appartiennent qu'à eux, sur tous les bancs de sable rencontrés dans la journée. L'iguane a goût de grenouille. C'est un aliment délicat. Les œufs, qui ont la dimension d'œufs de petites poules naines, sont surtout constitués par le jaune. On les fait cuire comme des œufs à la coque et on les hume après avoir incisé l'enveloppe qui n'est ni solide, ni rigide, mais a une consistance de parchemin résistant et difficile à déchirer.

Je crois que cet aliment cèle une forte proportion de phosphore et, pour mon compte personnel, j'ai constaté une sorte d'excitation cérébrale avec insomnie, toutes les fois que j'en ai absorbé au repas du soir.

A défaut des animaux de la forêt, le fleuve est toujours là avec ses incroyables réserves de poissons. Y a-t-il pénurie de vivres? Il suffit d'une cartouche de dynamite lancée à l'eau pour produire une véritable hécatombe. Les Indiens, d'ailleurs, nous évitent le plus souvent de recourir à ce procédé brutal. Il n'y a qu'à leur manifester en temps utile le désir de manger une friture ou la commune et classique pimentade des Cayennais, pour que, à coups de flèches ou de trident, ils nous fassent une ample récolte de poissons : munis de leur arc, ils se font un jeu de flécher au passage le large et savoureux koumarou, lorsqu'il traverse en zigzaguant l'eau jaillissante des sauts, l'aïmara à bouche énorme et acérée qui aime à se reposer de ses chasses nocturnes sur les fonds de sable exposés au soleil et le piraï, véritable malfaiteur du fleuve qui, de ses dents voraces, détache un doigt aux imprudents avec une dextérité de chirurgien et une rapidité d'escamoteur...

A la chasse ou à la pêche, un Indien perd rarement une flèche : lorsque, par malheur, il manque son but, il s'en châtie de suite lui-même en se frappant du poing la poitrine avec de sourdes imprécations.

.   .   .   .

Cependant, sentant l'approche de la nuit, deux des pirogues indiennes qui nous précédaient, celles d'Alepto et de Touampé, s'arrêtèrent à un endroit de la rive d'accès facile. Nous suivîmes nous-mêmes l'exemple.

Il y avait là quelques vieux carbets en mauvais état dont s'accommodèrent tant bien que mal les Peaux-Rouges. Quant à nous, nous nous éloignâmes au plus vite et avec dégoût de ces gîtes en délabre où foisonnaient et pullulaient une infinité de puces et de chiques. Nous préférâmes aller en plein bois amarrer nos hamacs... Et nous donnâmes une fois pour toutes à Aponchy, l'ordre de ne plus s'arrêter désormais aux endroits, aux étapes où fréquentent les indigènes : ce sont en effet presque toujours des foyers d'infection et des nids à parasites où seuls peuvent se complaire des Peaux-Rouges.

La nuit, on le sait, se fait sous la latitude où nous sommes entre six heures et six heures et demie au plus tard, selon les saisons. Vers cinq heures, chaque jour, nous nous arrêtions, choisissant un abord aisé et pratique. Le premier soin de nos hommes, en débarquant, était d'allumer du feu. C'était vite fait : quelques bûches de bois mort étaient arrosées de schiste, on approchait une allumette et la flamme brillait. On cuisait rapidement les aliments destinés au repas du soir. On mangeait la plupart du temps presque à tâtons dans la nuit commençante, puis on s'octroyait, jusqu'au retour du soleil, ce que mon camarade de route, Saillard, appelait expressivement une séance de hamac.

On se garde des maringouins et moustiques innombrables des tropiques en abritant le hamac par une moustiquaire qui l'enveloppe et le protège de toutes parts.

La moustiquaire consiste en une vaste pièce d'étoffe très légère, tendue sur une corde au-dessus du hamac qu'elle recouvre dans toute sa longueur et de chaque côté duquel elle retombe. Ce dispositif revêt l'apparence des catafalques que l'on voit dans les églises aux cérémonies funéraires.

Pour mon compte personnel, j'ai toujours mal reposé sous cette enveloppe qui me semblait m'emprisonner, m'étreindre, m'étouffer et souvent je l'ai supprimée, préférant presque la visite des maringouins, des moustiques et des macs dont l'aiguillon rigide et droit traverse hamac et vêtement, à l'intolérable sensation d'asphyxie qui m'envahissait sous cet appareil.

Une des précautions qu'il faut encore prendre lorsqu'on couche en plein bois, c'est d'isoler du sol ses vêtements et ses chaussures : autrement, on risquerait fort, au réveil, de trouver dans les plis des uns et l'intérieur des autres toute une population dont les crapauds, scolopendres, scorpions et fourmis forment le contingent le plus habituel.

La nuit, lorsqu'on descend du hamac, il est indispensable de faire de la lumière et de ne poser le pied à terre qu'après avoir constaté que la place est nette de tout reptile : il nous est arrivé d'entendre plusieurs fois siffler sous nos hamacs des serpents qui, dans l'obscurité, rampaient à la poursuite des crapauds. Comme en Guyane, on a affaire, dans la plupart des cas, au « grage », il serait d'une imprudence suprême de s'exposer à marcher dessus; ce serait fatalement s'attirer une morsure presque toujours mortelle.

Il est d'ailleurs de règle et de nécessité d'avoir toujours dans ces stationnements nocturnes, un fanal allumé à proximité de la couche. Son éclat, s'il attire quelques insectes, éloigne du moins les bêtes dangereuses et surtout préserve du contact des vampires et chauve-souris qui profitent des ténèbres pour s'appliquer soit au cou soit aux orteils du dormeur et le saigner, sans qu'il s'éveille, d'une manière souvent dangereuse.

... Malgré ces quelques ennuis, la vie des bois, avec l'imprévu et la multiplicité de ses aventures, avec sa totale et pleine liberté d'action, offre un attrait qui captive, retient et rappelle tous ceux qui ont appendu leur hamac aux grands arbres des forêts, et ont connu le charme des sommeils, où nul toit n'empêche le rêve de se hausser jusqu'aux lointaines étoiles.

CHAPITRE VII

La nature humaine, avec son essentielle passion — l'amour — est la même sous toutes les latitudes, et le long des rives surchauffées de l'Itany, de même que sous nos cieux plus tempérés, l'hommage immanent de l'homme va naturellement à la femme... et elle... à travers des subtilités variables dans l'art de plaire, ne se montre nulle part insensible au culte qu'elle inspire...

Malgré son apparente abdication d'elle-même et son extrême infériorité sociale, la « rouge enfant » de la grande Sylve américaine, est quand même — et non moins que nos blanches riveraines de la Seine — l'idole souveraine et rafraîchissante aux pieds de laquelle l'homme dépose, avec son cœur altéré, la flamme de son désir... et l'encens de sa prière.

... Sous les vastes frondaisons des immenses forêts vierges, comme dans les salons les plus modernisés de nos villes, la femme est partout conforme à la femme comme doivent l'être des jumelles de même origine... Et à toutes, sans distinction de couleur et de race, Eve, l'aïeule commune et lointaine, a légué, dans toute leur intégrité, ces imperfections traditionnelles, nécessaires et adorablement

troublantes qui la poétisèrent dans les siècles et
assurent son immortelle suprématie... Imperfections
qui sans doute furent fatales au premier père, mais
qui, en retour et en compensation, l'exacerbèrent
jusqu'en ses moelles intimes et lui révélèrent en un
éclair providentiel, les âpres et éblouissantes jouis-
sances de l'acte d'aimer..., mystère impérieux qui
rapproche et heurte les êtres, torture et vivifie, tue
et engendre et finalement en octroyant à l'homme
la toute-puissance créatrice, lui confère une infinie
et accablante responsabilité qui anoblit, exalte, et
divinise.

... Dans cette chaude atmosphère tropicale où
je vivais une vie de rêve, une ébauche d'idylle se
déroulait sous mes yeux.

Alacamouïs, ce jeune étranger paré de verroteries,
cherchait, à n'en point douter, à plaire à l'épouse de
son hôte Calamou, et l'enfantine et volupteuse M'kalou
n'était pas insensible à ce tendre manège. Ses pauses
plus alanguies lorsque Alacamouïs concentrait sur
elle ses regards chauds de passion; ses paroles dont
elle exagérait avec complaisance le chantonnement
et le zézaiement de mode chez les femmes de sa race,
quand son admirateur écoutait sa voix; ses paupières,
qu'alourdissait et fermait à demi la joie de se sentir
désirée avec ferveur, démontraient surabondamment que le chemin de son cœur s'était ouvert.

Cependant Calamou allait, venait, vaquait à ses
occupations habituelles, montrant la plus parfaite
sérénité et paraissant dans l'ignorance complète de
ces agissements. Pendant sa présence en sa case,
Alacamouïs d'ailleurs évitait les visites. Il se tenait
paresseusement allongé dans son hamac de coton et
restait confiné dans la hutte voisine où l'hébergeait

une femme qui allait être mère, Tachy, l'épouse de l'Indien Polé qui se trouvait momentanément absent : il y avait en effet plusieurs semaines que Calamou avait dépêché ce sujet chez Panapi, son beau-père, pour y glaner des plants de manioc et ensemencer dans ces parages un nouvel abatis dont les hommes du village avaient décidé la création...

Mais souvent, chaque jour, Calamou s'absentait, soit qu'il partît, armé de son arc ou de mon fusil, chasser, à travers les sentiers lointains de la forêt, le gibier nécessaire à notre subsistance, soit que dans sa rapide pirogue il s'allât perdre dans les méandres de criques où abondent les poissons dont nous étions friands... et dès que le chef avait disparu sous bois ou que le bruit de sa pagaie s'éteignait dans l'éloignement, Alacamouïs apparaissait... Mikalou chantait alors des rondes de son enfance à mi-voix et pour se donner une contenance, elle lissait, de ses doigts gentiment écartés, les cheveux noirs et épais qui encadraient son jeune visage et retombaient lourdement sur ses rondes épaules; ou bien, assise à terre sur une natte d'aloès, elle manœuvrait concurremment de sa main agile et de son pied industrieux, le jeu des fuseaux qui servent à filer le coton. Et à l'angle du carbet, assis sur un cololo (banc) très bas, Alacamouïs, son adorateur, la contemplait, silencieux et ravi, pendant des heures.

Parfois, alors, nonchalamment, il agitait le monceau des colliers qui s'étageaient et se superposaient autour de son col et, en guise d'amusement, dirigeait le petit miroir qui, à côté du peigne de bois obligatoire, pendait au milieu de ces verroteries, de façon à envoyer des reflets de soleil dans les yeux surpris de Mikalou.

Aussitôt celle-ci cessait son travail et levait vivement les mains comme un écran pour protéger son regard : elle riait et récriminait pour la forme.

J'entendis Alepto, le piaye, qui, debout, adossé à un palmier voisin, observait ces innocentes espiègleries, dire un jour :

— Mikalou, prends garde... Prends garde, Mikalou... Le rayon de soleil qui pénètre ainsi dans l'œil éblouit, trouble les esprits, affole... et une femme affolée ne sait plus les égards qu'elle doit à son chef.

A cette admonestation, Mikalou eut une moue de désapprobation et reprit avec nervosité le travail des fuseaux.

Alacamouïs, lui, lentement, se leva de son banc et à regret, sans mot dire, s'éloigna...

Après ces paroles, Alepto frappa trois fois du pied la terre, puis sortant son couteau de sa ceinture, trois fois il entailla jusqu'au cœur l'écorce vive du palmier.

— Que fais-tu? lui dis-je.

— Je conjure les mauvais sorts, répondit-il, et ce fut tout l'éclaircissement que je pus tirer de lui.

— Que penses-tu de tout cela? demandai-je à Aponchy qui avait assisté à la scène.

Avec gravité, Aponchy prononça ces seules paroles :

— Toi, ne vois rien, n'entends rien, ne dis rien... Laisse faire et n'oublie point que rien n'échappe à l'œil perçant du Peau-Rouge. Et il s'éloigna pour n'en point dire davantage...

Décidément la situation se dramatisait. Qu'allait-il advenir? Et pourtant je n'avais rien vu que de bien innocent.

... Ce soir-là, Calamou rentra avec une venaison superbe. Il rapportait notamment, non dans ses bras, ce qui l'eût déshonoré en tant qu'Indien, mais passé autour de son épaule, un pack de belle taille, dont les pieds d'avant, liés par une liane aux jambes d'arrière, faisaient l'office de bandoulière. Il jeta le pack à terre, puis tendit à Mikalou une gerbe de plumes d'ara de la plus magnifique espèce; celle-ci les reçut en souriant, les lustra du dos de sa main légère et les disposa avec soin dans le coffre en vannerie où les Indiens rangent leurs parures et objets précieux.

Tout respirait le calme, la paix, la confiance, dans le milieu où nous vivions; je m'efforçai moi-même d'oublier les inquiétantes paroles du sorcier.

... Le pack est un gibier permis aux Indiens. En un clin d'œil, l'animal fut dépecé et mis à cuire dans une vaste chaudière. Lorsqu'il fut ébouillanté, les femmes en grattèrent le poil, — on ne sait point dépouiller un animal chez les Roucouyennes, — puis nous y ajoutâmes du sel. Les Indiens y jetèrent une poignée de piments et l'on festina en commun, blancs, rouges et noirs, fraternellement assis autour de la marmite. Mikalou, pour remplacer le pain, nous offrit d'excellentes galettes de cassave... gracieuseté à laquelle nous répondîmes en débouchant un litre de rhum de Mana. Ce liquide, forcément, produisit une chaleur qui, bien que moins communicative sans doute que dans les banquets de France, n'en délia pas moins quelque peu les langues. On parla de chasse, de pêche, de fêtes, de danses, de « Marakè », mais sans éclats de voix, sans intonations bruyantes, posément, doucement, en termes brefs, comme il convient à des Roucouyennes.

Nous fumâmes d'abord quelques-unes des longues cigarettes indiennes enroulées dans l'écorce de mahot, de tamouï (1), puis j'en fabriquai à mon tour

(1) Cette écorce se désigne aussi sous le nom de taouari.

pour l'assistance avec mon tabac et mon papier habituels.

On fit alors imiter à un jeune garçon le chant de divers oiseaux, le cri de différents quadrupèdes. On rectifia et on critiqua certaines intonations qui parurent imparfaites... puis on le félicita.

Tout le monde paraissait à l'aise. Il ne semblait point qu'il y eût gêne, ni contrainte. Calamou ordonna à Mikalou d'apporter du cachiri et alors, pendant que les convives s'abreuvaient à tour de rôle à la calebasse (carapi), Calamou, les yeux baissés à terre, sans regarder personne particulièrement, se mit à dire d'une voix pâle, très peu accentuée, d'un ton indifférent comme s'il s'agissait d une réflexion sans importance, les étranges paroles que voici. Je les relate d'après Aponchy qui, en cet instant, me toucha du coude pour appeler mon attention et me les traduisit dans la suite :

« Il y eut un jour, prononçait Calamou, dans un pays très éloigné dont je ne sais pas le nom, un homme qui vint visiter un autre homme. Et cet autre homme avait une femme, je ne sais point si elle était jeune ou vieille, belle ou laide, mais je sais que le visiteur, violant les règles de l'hospitalité, voulut se faire accepter d'elle. Il n'y réussit point, paraît-il. Ce n'était pas bien agir et le suborneur méritait d'être puni. Yoloch le « piaya » (1), le destin fut contre lui et il lui arriva malheur. Quel malheur? Je n'en sais rien et ne le saurai jamais, car cela se passait bien loin d'ici... et il y a longtemps, je crois, des siècles peut-être. ... Chez nous, d'ailleurs, pareille chose n'arrive jamais. Les hommes sont loyaux et ils res-

______

(1) En fit une victime des « piayes », des sortilèges.

pectent la propriété des autres : Buvons, Yépé (1),
buvons, camarades. Accepte encore une dose de
cachiri, Alacamouïs, mon hôte. »

Calamou s'était déchargé le cœur, sans apostrophe
directe, à la coutume indienne, sans fracas, sans bruit.

Mikalou, devenue subitement soucieuse, baissait
le front.

Alacamouïs, lui, en écoutant les réflexions de
Calamou, avait tressailli imperceptiblement; l'intéressé, d'ailleurs, qui toujours affecte de n'avoir point
compris l'allusion dont il fait les frais, ne se méprend
jamais à ces sortes d'avertissements et, sur-le-champ,
se tient en garde, prêt à toute éventualité...

La soirée se termina sans autre incident... L'heure
était venue de se reposer. Les Indiens se retirèrent
et regagnèrent leur case respective en brandissant
des tisons enflammés qu'ils agitaient dans la nuit
pour en activer la combustion et le pouvoir éclai-
rant, mais, avant de s'éloigner, Alepto avait glissé
dans l'oreille d'Alacamouïs : « Prends garde. »

... Le lendemain, nous devions reprendre le cours
de nos pérégrinations et quitter le village. Dès la première heure, tout le monde fut debout et l'on se mit
à faire les préparatifs de départ. Je vis Alacamouïs
qui roulait son hamac. Puis il ouvrit un coffret et
commençait d'y ranger avec soin et méthode ses ornements de perles quand, tout à coup, étouffant un cri,
il fit un bond en arrière et secouant son bras droit à
toute volée, se débarrassa vivement d'une magnifique
et effrayante couleuvre dont les anneaux cerclaient sa
main et son poignet. C'est un principe chez les Peaux-
Rouges de ne laisser jamais fuir un être nuisible.

(1) Yépé signifie ami, compagnon, camarade.

Alacamouïs se précipita sur le reptile qui dressait la tête en défense et d'un coup sec de son talon nu, lui brisa l'ossature. L'animal à terre eut de dernières ondulations de détresse et d'agonie. C'était un serpent Jacquot dont la couleur d'émeraude se confond avec la fraîcheur des herbes et rivalise de splendeur avec le coloris des perroquets les plus brillamment verts.

Ses crochets sont venimeux, sa morsure donne la mort... Le jeune Indien l'avait échappé belle.

Quand, pour embarquer, il passa près d'Alepto, le sorcier lui jeta ces paroles :

— Alacamouïs, les mauvais sorts sont sur toi... Eloigne-toi... Pars... Retourne au pays des Oyampis. Regagne la case de ton père; c'est un piaye puissant, il saura préserver son fils et détourner le malheur.

Mais les sages conseils glissent à l'oreille des amoureux. Alacamouïs passa, feignant de ne pas entendre... Il sauta dans son esquif et aussitôt se dirigea dans le sillage de Calamou. Il se trouvait ainsi tout proche de son aimée Mikalou qui, assise et pagayant à l'arrière de l'embarcation conjugale, récompensait son assiduité en lui adressant discrètement, de temps en temps, un regard de sympathie, une parole d'encouragement.

. . . .

Un copayer au tronc énorme, incliné sur la rivière, étalait comme un immense et bas parasol ses branchages au-dessus de l'eau. Calamou côtoyant le bord passa sans encombre sous cette voûte de verdure. Mais à peine Alacamouïs s'y était-il engagé à sa suite qu'il porta, avec un cri aigu, ses deux mains crispées devant sa face et se précipita tête première dans le courant profond...

— Les mouches... les mouches (1), tel fut le cri d'effroi qui s'éleva des pirogues environnantes...

Ces « mouches », que les noirs du Maroni et les Peaux-Rouges de l'Itany redoutent à l'égal d'un fléau, sont en réalité des guêpes terribles à cause de leur dard venimeux et de leur caractère irascible. Les indigènes, dans leur langage imagé, les appellent mouches « sans-raison », faisant ainsi allusion à l'élan de rage et de folie avec lequel elles se ruent sur l'imprudent qui heurte l'espèce de poche à parois biscornues et tourmentées, minces et cartonnées, qui leur sert de résidence.

Le seul voisinage que tolèrent ces belliqueux hyménoptères, ce sont les « caciques », perroquets grimpeurs au corps enrobé d'or comme les anciens chefs caraïbes, et ceux-ci profitent de cette disposition pacifique à leur seul égard, pour établir sur les arbres où séjournent et dominent les « guêpes à dague », ces innombrables nids qui, avec leurs formes allongées, ballonnées et pendantes, ressemblent de loin à des centaines de lampions grisâtres qui seraient accrochés aux branchages d'un gigantesque arbre de Noël.

Et là, en toute confiance, le cacique vit, pond et se reproduit sans redouter l'approche et les déprédations de l'homme... La « sans-raison » est sa sauvegarde la plus efficace.

. . . .

Alacamouïs, en se dérobant sous l'eau, avait recouru au seul moyen pratique de se soustraire à l'agression sauvage de ces guêpes acariâtres.

Lorsque, après sa plongée, il réapparut à la surface

(1) Sans aucun doute, et volontairement, on peut le supposer, Calamou avait dû en passant donner l'éveil à ces guêpes « sans raison)...

de l'eau, son front commença de suite à se bour-
soufler et son visage fut bientôt à demi défiguré par
de cuisantes et douloureuses ampoules. Alepto, le
sorcier, lui enduisit la face avec un onguent de beurre
de Maripa et fit des conjurations pour enrayer l'effet
vénéneux des aiguillons implantés dans sa chair...
puis, derechef, pour la troisième fois, il dit au patient :

— Pars, pars, pars, si tu tiens à retourner autrement qu'en poussière et en cendres dans le pays
où t'attendent tes frères...

... Le soir, après avoir absorbé un breuvage de
guérison que la compatissante Mikalou avait préparé
au malade, en émulsionnant les semences chocolatées
du Pataoua dans du jus de canne à sucre, Alacamouïs s'approcha de moi :

— Le « Calina » (l'Indien) n'a jamais eu peur des
coups qui viennent du bras de l'homme... mais que
peut-il contre les sorcelleries : rien, que fermer les
yeux, se coucher et mourir... Mais toi qui es mon
ami, toi qui es un piaye blanc et puissant, détourne
donc les malheurs qui me guettent... indique à Alacamouïs ce qu'il doit faire?...

Il fallait, dans son intérêt, frapper l'imagination
du naïf Alacamouïs :

— Laisse s'achever la nuit, lui dis-je, je vais
plonger mon regard dans les ténèbres et scruter les
nuages qui s'amoncellent sous les étoiles. Reviens
demain à pareille heure, je te dirai ce que j'aurai su,
tu apprendras ton sort. Mais, demandai-je, obéiras-tu
à mon conseil?

— Oui, dit Alacamouïs.

— Même s'il fallait te séparer de nous?

Alacamouïs, à cette dernière question, s'éloigna
sans avoir répondu.

... Le lendemain, notre caravane, après une accablante navigation dans une chaleur d'incendie, s'arrêta pour stationner de meilleure heure que de coutume : il était trois heures environ. Les Indiens se dispersèrent : les uns s'éloignèrent pour pêcher, les autres — Alacamouïs était du nombre — s'en furent sous bois pour chasser.

Le premier qui revint au campement fut Alacamouïs. Il était défait, inquiet, troublé en face du persistant mystère qui pesait sur lui et le pressait maintenant de toute part et sans répit.

— Qu'as-tu, Alacamouïs? Qu'est-il arrivé? lui demandèrent les femmes.

Il abaissa légèrement la ceinture de coton qui soutenait son kalimbé et, à gauche, sur sa hanche, découvrit une éraflure qui avait entaillé l'épiderme sur une longueur de dix centimètres environ. La pénétration en profondeur était insignifiante; le trait qui l'avait touché n'était probablement pas destiné à le tuer. Il l'avait rapporté et nous le fît voir. C'était une flèche anonyme, de provenance inconnue...

Mikalou, honteuse comme si elle était fautive, s'était enfuie et, accroupie derrière un buisson de lianes, elle y dérobait ses larmes, sa douleur et aussi sa vue que maintenant elle jugeait funeste et fatale au malheureux Alacamouïs...

Il ne fallait plus hésiter, il était temps d'agir, de prévenir un drame qui s'annonçait imminent. J'empaquetai une large ceinture dont le rouge ardent avait bien souvent excité la convoitise d'Alacamouïs, et je mandai le blessé. Prenant alors un air sibyllin, faisant appel à toute ma gravité, je parlai :

— As-tu des sœurs, demandai-je, qui égayent la case de ton père?

— Oui, trois.

— Eh bien écoute, Alacamouïs, et exécute immédiatement ce que ma bouche va te dire, car c'est le Grand Esprit, le Dieu des blancs qui m'inspire et qui veut te soustraire à la colère de Yoloch. Prends cette écharpe rouge. Ne la déploie point, ne me remercie point, mais cache-la immédiatement au fond de ta boîte à parure, et de suite, sans perdre une minute, sans faire d'adieux, sans regarder en arrière, monte en ta pirogue, reprends le fleuve et retourne en ton pays. Dès ton entrée sous la case familiale, tu diras à ta plus jeune sœur de te nouer autour des reins l'écharpe sacrée que je te confie... Cela fait, tu pourras te réjouir et boire le cachiri des Oyampis... Les maléfices n'auront plus jamais prise sur toi et tu trouveras en ton pays une fille, plus belle encore que Mikalou, qui sèmera l'oubli du passé et la joie du présent dans ton cœur apaisé.

.   .   .   .

Alacamouïs me plaça ses deux mains sur les épaules, je fis de même à son égard, et face à face, ainsi enlacés, nous nous inclinâmes ensemble de gauche à droite et de droite à gauche, en nous nommant « frère et ami ».

C'est l'accolade indienne.

Cinq minutes à peine après ce réciproque adieu, Alacamouïs, fidèle au programme imposé, avait repris le fleuve et s'éloignait impassible et résigné, pour toujours sans doute.

.   .   .   .

Mikalou demeura une semaine triste, préoccupée, pensive, puis un sourire s'esquissa sur sa lèvre et le rire à nouveau revint s'égrener plus frais et joyeux que jamais entre la nacre de ses jeunes dents...

PAGAYEURS BOSCHS REVÊTUS DE LA « PAGA »

Alacamouïs était parti...

Alacamouïs était loin...

Alacamouïs était oublié.

... Blanche ou rouge, sauvage ou civilisée, toujours et partout la femme est la même.

CHAPITRE VIII

Je ne relaterai pas jour par jour les incidents de notre voyage. Je m'arrêterai seulement aux épisodes et événements qui m'ont le plus intéressé, soit en cours de route, soit pendant nos arrêts dans des lieux habités.

Tout village porte habituellement le nom du chef qui le commande. Nous arrivâmes au village de Yamaïké quelques jours après qu'Alacamouïs nous eut quittés. Yamaïké, le tamouchi est un des rares vieillards que j'ai vus chez les Indiens. Il est quelque peu corpulent, chose exceptionnelle chez les Peaux-Rouges, et sa large face aux traits qu'accentuent des rides fortement imprimées, reflète une bienveillance et une placidité de patriarche.

J'ai trouvé très peu de Roucouyennes âgés; je n'en ai pas rencontré d'infirmes. Les doyens paraissent ne pas dépasser la cinquantaine et sont d'aspect solide. Cette sélection s'explique. Tout être qui mène une existence de primitif ne peut triompher des difficultés que la nature sauvage multiplie sous ses pas qu'à la condition de jouir dans leur plénitude et leur intégrité, de ses aptitudes et fonctions corporelles.

Tout sujet donc qui a subi une dépréciation, une

LE VIEUX « TAMOUCHY » (CHEF) YAMAÏKÉ

INTÉRIEUR D'UNE CASE DE PEAUX-ROUGES

déchéance de ses moyens physiques, est condamné à disparaître : les vieux, les maladifs, les estropiés sont fauchés sans miséricorde.

C'est surtout à la tuberculose que la race des Indiens paie un tribut de mortalité énorme. Comme ces peuplades n'ont aucune idée de l'hygiène préventive, aucune notion de la contagion familiale, ils boivent, sains ou malades, à la même calebasse; plongent leurs mains infectées dans le même plat d'aliment, couchent à plusieurs dans le même hamac, font, en un mot, tout ce qu'il faut pour se contaminer réciproquement. Par ce système, la maladie se propage avec une effrayante facilité et des villages sont parfois décimés avec une rapidité incroyable. C'est alors que les derniers survivants, terrorisés par ces ravages inexplicables pour eux, fuient leurs demeures devenues des foyers de mort et transportent au loin leurs pénates.

Je suppose que cette endémie de tuberculose est préparée et entretenue, dans une large part, par le manque de sel. La plupart des tribus indiennes ignorent l'usage de ce condiment vital. Elles en masquent l'absence par l'emploi du piment et autres excitants qui ne sauraient suppléer au chlorure de sodium, indispensable à la vie physiologique et à l'entretien de l'organisme.

Certains auteurs ont en outre invoqué, comme cause de ces dépeuplements foudroyants, de brutales épidémies de variole qui, en quelques jours, fauchent un village. Le fait est exact. Toutefois, comme je n'ai en aucune rencontre, trouvé le visage d'un Roucouyenne grêlé par les stigmates, les cicatrices que laissent après eux les boutons de la variole, à moins de supposer que jamais, même exceptionnellement, la mort ne fait grâce en ce cas, il est permis de se demander si la peinture au roucou ne serait point un préservatif contre les ravages cutanés de cette maladie? Je laisse le soin d'élucider la question aux médecins qui, depuis plusieurs années, ont préconisé l'influence de la lumière rouge dans certaines éruptions fébriles.

Une preuve directe et vivante de cette effroyable mortalité qui s'abat parfois sur certains clans d'Indiens, nous est fourni par le chef Yamaïké lui-même.

Dans son enfance, il faisait partie d'une tribu prospère, cruelle et redoutée, les Comayanas, établis sur la crique Aloué, affluent de l'Itany. Actuellement, de ses compagnons d'origine, il ne connaît que huit représentants. Tous les autres Comayanas ont disparus, fauchés ou dispersés par de successives épidémies. Les quelques rares survivants ont fait comme lui : ils se sont alliés et fondus soit avec les Roucouyennes, leurs voisins, soit avec d'autres tribus et y ont fait souche, oubliant leur nationalité première.

... La résistance vitale individuelle de cette race est pourtant remarquable. Jusqu'aux derniers moments, un Roucouyenne, si malade soit-il, marche, agit, continue son système de vie habituel. Pour qu'il s'arrête avant l'approche immédiate de la mort, il faut qu'un stigmate extérieur de maladie apparaisse sur son corps. Mais l'affection chronique, l'affection interne, dont le foyer n'est pas directement visible ne saurait l'effrayer, ni l'entraver dans ses occupations quotidiennes.

Ce fut le cas d'un Indien du Yari, nommé Yakoulo, que je trouvai agonisant dans une case du village. Cet homme, atteint de laryngite tuberculeuse, d'une maigreur de squelette, naviguait quand même dans l'Itany. En face de Yamaïké, le souffle lui manquant, il s'arrêta et, avec l'aide de ses trois femmes, vint enfin suspendre son hamac sous le carbet des voyageurs. Il s'y coucha pour y mourir. L'eût-il voulu, le malheureux ne pouvait se méprendre sur son sort. En effet, avec un empressement rare, tous les hommes du village faisaient dans les parages voisins, une ample récolte de bois bien sec et choisi parmi les espèces les plus combustibles, et ils venaient l'entasser à deux pas du hamac mortuaire, sous les yeux fixes et déjà à demi vitreux du moribond. Et pendant que les trois femmes psalmodiaient à l'unisson la chanson des larmes et des lamentations variées, de tout ce bois aligné avec méthode, s'élevait un léger édifice qui prit vite la forme d'un... bûcher. C'est là que le mourant qui, — selon la coutume — devait être flatté de l'attention suprême et délicate dont il était l'objet, serait incinéré aussitôt son dernier soupir.

. . . .

... Dès que Yakoulo fut mort, ses femmes cessèrent leurs chants suppliants et se répandirent en imprécations et injures à l'adresse du Diable, de Yoloch qui n'avait point su ou point voulu guérir leur mari. Elles se tondirent la tête en signe de deuil. Puis le cadavre revêtu des objets d'habillements et d'ornementation qu'il possédait de son vivant fut, son hamac lui servant de linceul, pieusement installé dans un emplacement vide ménagé pour lui au centre du bûcher.

Son arc, ses flèches, sa pagaie coutumière furent disposés à portée de son bras et Yamaïké — le vieux chef aux dix robustes fils, — muni d'une torche de résine d'encens, enflamma l'amoncellement des bûches.

Ce fut vite un brasier au milieu duquel Yakoulo

se contractura, se fendilla, se fissura et, par d'innombrables craquelures, laissa suinter des graisses qui s'enflammèrent et le dérobèrent sous un nuage de fumée d'une âcreté à faire mal.

Quand cette vapeur épaisse et nauséabonde se fut dissipée, le cadavre n'était plus qu'une masse charbonneuse qui conservait quand même la vague et horrifique apparence d'une structure humaine.

Un guerrier Roucouyenne alors s'avança et d'un coup de massue heurta le lamentable débris. Ce fut la fin, et ce qui s'appelait encore, il y a quelques instants à peine, l'indien Yakoulo, s'effondra à jamais dans la cendre de l'anéantissement.

. . . .

... Lors de notre arrivée chez Yamaïké, le village était en réjouissances : la fête de la Marakè y battait son plein. Des pavillons bizarres, confectionnés en vannerie, appendus à la cime de longs et minces bambous, balançaient leur silhouette de cerfs-volants au-dessus des cases. C'étaient des « piayes », des fétiches destinés à assurer la bonne récolte du coton. Sur le fond rouge de la peau, hommes, femmes et enfants portaient des dessins étranges tracés en noir à l'huile de génipa, dont la puissance colorante rivalise avec l'encre de Chine.

Un jeune guerrier, aux dents blanches et acérées, détenait sans conteste le record de cette toilette de fête. Il se nommait Toko. Il semblait, des pieds à la tête, habillé d'une dentelle à jour où, côte à côte réunies, apparaissaient toutes les figures géométriques, depuis le carré et le losange, jusqu'aux spirales et arabesques les plus excentriques.

Des musiciens tiraient, de flûtes rudimentaires faites avec des tibias de biches ou des roseaux percés de trous, quelques notes dont l'assemblage et la constante répétition produisaient une harmonie sauvage; ils y soufflaient alternativement avec la bouche et les narines et tâchaient de se conformer à la cadence que leur imprimait un vieil Indien frénétique. Ce chef d'orchestre endiablé émettait une tambourinade assourdissante en agitant et secouant avec furie une grande calebasse desséchée au soleil contre les parois de laquelle venaient se heurter, se choquer, frapper et résonner en tourbillonnant, une infinité de galets minuscules emprisonnés à l'intérieur.

Partout, sous les logis, des groupes d'hommes du pays ou d'invités des villages d'alentour, buvaient le cachiri, ou le sagoula qui s'obtient en laissant fermenter le jus de canne à sucre : les uns s'abreuvant silencieux, les autres palabrant avec rumeur.

Des jeunes gens, la tête empanachée de plumes et le corps recouvert des ornements d'usage, s'exerçaient à des danses symboliques sous les yeux charmés des femmes.

Aux quatre coins du bourg, des éphèbes aux abdomens déjà distendus par les incalculables victuailles qu'ils avaient engloutis pour se rénumérer de leur vigilance, entretenaient des foyers perpétuels et affalés sur leurs talons surveillaient les « boucans », sorte de grils grossiers où s'entassaient et s'étalaient pêle-mêle pour la cuisson, les produits les plus disparates de la pêche et de la venaison : des tranches énormes de viande de patira, de kariakou, de maïpouri y côtoyaient la chair blanche et ferme des caïmans, des iguanes et des poissons aï-mara et coumarou que l'on capture en masse, à la main, après les avoir enivrés, dans leur crique, avec les sucs de diverses lianes.

A toute heure de jour et de nuit, musiciens, danseurs et buveurs, venaient s'y restaurer.

... Assis sur son siège en forme de caïman et une calebasse pleine de cachiri à portée de la main, Yamaïké, le vieux et respecté chef, présidait avec un bon sourire attendri et fier, à cette joie universelle des siens, à ce triomphe de son village.

Les Marakè, on le voit, sont l'occasion de beuveries et de ripailles pantagruéliques, mais leur but véritable et plus élevé est de conférer aux jeunes gens, après épreuves probatoires, des sortes de grades qui les élèvent d'un échelon dans l'ordre social.

Chez les Indiens, on n'est pas un homme parce que l'on en possède l'âge et le développement physique; on n'est considéré comme tel et admis à participer aux privilèges attribués à la virilité qu'après avoir démontré aux juges réunis dans les Marakè, qu'en plus de l'apparence corporelle, on possède les qualités d'endurance musculaire et morale ainsi que les aptitudes professionnelles requises pour être un citoyen, un chasseur, un « Peïto » parfait.

Les épreuves varient selon l'âge des néophytes : la première subie est celle de la « piayerie » qui coïncide avec l'âge de la puberté. C'est aux enfants de quatorze à quinze ans qu'elle incombe; ils doivent démontrer qu'ils ont emmagasiné dans leur mémoire et savent psalmodier les chants consacrés qu'on se transmet d'âge en âge pour la célébration des ancêtres, la guérison des maladies, la commémoration des morts, l'apaisement des démons courroucés. Cette épreuve subie, ils auront désormais le droit qui leur était dénié jusque-là, de prendre part aux cérémonies où les chants rituels sont de rigueur; ils pourront « piayer » avec leurs aînés et faire tailler au niveau de la nuque leur chevelure que le tranchant du couteau n'avait point entamée encore.

Plus tard et toujours devant des jurys composés de maîtres en chant liturgique, en danses, en pêche ou en chasse, ils démontreront, comme les apprentis de jadis devant les maîtres des corporations, qu'ils sont dignes du rang qu'ils sollicitent comme chasseurs, pêcheurs, guerriers.

On ne permet d'abord à l'enfant indien, que de flécher de petits poissons et de menu gibier. Puis, plus âgé, adolescent et plus habile, le droit de s'attaquer à de plus grosses proies lui est accordé. En général, l'Indien ne doit manger que le poisson ou gibier dont il est susceptible de s'emparer lui-même. C'est d'ailleurs en vertu de ce principe que les tout jeunes enfants ne sont nourris que de poisson plutôt minuscules comme grosseur. Des oiseaux de taille restreinte pourront être adjoints à cette alimentation réduite comme volume. Et ce ne sera que plus tard, quand ils sauront manier leur arc très convenablement, qu'ils pourront enfin faire figurer au menu de leur subsistance des quadrupèdes et des... quadrumanes, mais toujours cependant en débutant par les petites espèces.

Aucun acte de la vie indienne ne va sans un chapitre consacré à la souffrance, et toutes ces initiations sacramentelles conférées dans les Marakè, se compliquent réglementairement du supplice des fourmis et des guêpes.

En France, lors d'un examen heureux, l'élu reçoit un diplôme sur parchemin. Le jeune Indien, lui, se voit imprimer sur son propre épiderme son nouveau grade et ce n'est point un recteur d'académie qui lui paraphe son brevet..., mais les mandibules de fourmis de la plus méchante espèce. Ces fourmis sont enclavées, enchatonnées à mi-corps dans chacun des très fins losanges d'une claie, d'un tamis tressé en fibres d'aloès ou d'arouman. Toutes les têtes sont alignées et dépassent du même côté de cet appareil, le Manaré... Surexcitées par la faim, exaspérées par la coercition, ces milliers de têtes et de mandibules se prennent à mordre, à pincer à la fois, dès qu'on les applique sur la peau du patient. Elles produisent une vésication immédiate excessivement irritante et qui devient vite intolérable lorsque le réceptacle à fourmis, le Manaré, est promené par tout le corps. Le néophyte s'efforce de se comporter stoïquement et de prouver par son attitude courageuse que son indifférence à la douleur s'est perfectionnée au même degré que sa valeur physique. Il peut se trouver mal — cela lui est permis — mais il lui est interdit, sous peine de disqualification, de manifester sa souffrance par un cri, un gémissement, une parole, un geste... Jamais d'ailleurs le patient n'émet la moindre plainte, mais fréquemment, vaincu par la torture, il s'évanouit. Les deux amis sur l'épaule desquels il s'appuyait pendant l'épreuve, emportent alors l' « inanimé » dans son hamac et l'y couche en l'attachant avec des lianes, car les mouvements désordonnés que la fièvre et la brûlure des morsures impriment à son corps, pourraient le jeter à bas de sa couche. On fait un grand feu à proximité qui, en activant la sudation, aidera le supplicié à se débarrasser au plus vite de l'intoxication injectée par les fourmis et aussi par les guêpes qui souvent sont adjointes aux premières dans les mailles du Manaré. Pendant huit à dix jours, on le soumet en outre à une diète presque absolue : une insignifiante parcelle de cassave délayée dans de l'eau

— juste ce qu'il faut pour ne point le laisser périr d'inanition — sera toute la nourriture accordée au malade. Ce délai écoulé, il prend un grand bain. Le piaye le frotte par tout le corps avec un baume spécial qui lui débarrasse l'épiderme des dernières irritations, et l' « éprouvé » reprend le cours de sa vie habituelle...

... Tout comme les hommes, les femmes sont soumises aux épreuves de la Marakè; si bien douée soit-elle naturellement, une fille, d'après les Roucouyennes, ne saurait faire une épouse parfaite, une ménagère émérite, travailleuse, sobre, ordonnée, infatigable, si on ne prend le soin d'accroître et de confirmer ses qualités natives par quelques opportunes applications de Manaré.

En résumé, cette institution ancestrale des Indiens a pour avantage indéniable d'opérer une sélection parmi la race et d'éliminer les non-valeurs de la vie sociale. Tout Peau-Rouge ayant subi victorieusement le supplice de la Marakè ne sera jamais à charge aux autres; il saura affronter le danger sans sourciller, endurer la douleur sans faiblir, supporter des privations de toutes sortes sans murmurer. La Marakè est en définitive, une sorte de sacrement confirmatoire, qui inspire selon eux, au récipiendaire, courage, force, volonté, vaillance et vertu.

. . . .

On eût pu craindre que le trépas de Yakoulo ne troublât la fête. Il n'en fut rien. L'Indien accepte le fait accompli avec une soumission, une résignation qui frisent l'insouciance. L'incinération du défunt ne fut qu'un numéro sensationnel surajouté au programme. Et après quelques calebasses vidées à la mémoire du disparu, les différentes phases des réjouissances reprirent leur cours comme si rien d'anormal ne se fût passé.

. . . .

Nous quittâmes le village de Yamaïké, un matin, avant le lever du jour. Presque toute la population mâle nous accompagna jusqu'au saut très rocailleux — le Véréverelepou-icholi — qui sert de gîte et de refuge à d'énormes aï-mara et coumarou-capitaines, à ventre rouge. Ces hommes qui se trompent rarement dans leur pronostic de pêche, comptaient faire en cet endroit une râfle remarquable. J'en doutais d'autant moins qu'ils avaient employé une partie de la nuit à fabriquer avec les sucs pilés de la liane robinia-nicou, une drogue qui enivre le poisson et le livre sans défense aux engins du pêcheur. Ils auraient voulu nous conserver comme spectateurs de cette récolte miraculeuse destinée à assurer la continuation de la fête — qui généralement ne cesse que faute de vivres — mais le temps nous pressait; nous avions hâte de voir de nouveaux visages et de nouveaux parages. Nous déclinâmes donc l'invitation, et nos pirogues, après les adieux, accolades et serrements de mains d'usage, prirent la direction du village de Pinsa.

CHAPITRE IX

Nous atteignîmes le village du chef Pinsa vers le
milieu du jour. Cette insignifiante et toute petite
localité n'offre rien de remarquable. La femme du
chef est gravement malade, incapable de se tenir
debout. Son fils Aliapo qui s'est attaché à nous en
cours de route et qui nous sert de « takari », se coupe
les cheveux en signe de détresse, et les offre en hommage expiatoire au diable, à Yoloch qui cause le mal
de sa mère.

Un pressoir très primitif, en bois, consistant en un
levier qui vient presser sur un billot, nous permet
d'écraser de la canne à sucre et de nous désaltérer.
Je fais quelque échange avec Pinsa et le quitte en
emportant un arc, des flèches, quelques ananas et
deux ou trois régimes de « bacôves » ou bananes
douces qui nous serviront de dessert.

Notre arrêt chez lui avait duré à peine une heure;
nous regagnons nos pirogues, reprenons nos pagaies,
et malgré la chaleur, continuons notre course dans
la direction de l'important village de Panapi; nous
devrons l'apercevoir campé sur le flanc d'une colline
appelé Pono, dont la base vient se fondre avec la
rive de l'Itany.

Nous pensions y arriver en quelques jours : trois ou quatre au plus. Nous avions compté sans la fièvre qui, dans ces parages malsains, guette l'Européen, le « Blanc », à chaque pas et le happe au passage avec une soudaineté déconcertante.

Mon compagnon de route et collègue Saillard, foudroyé pour ainsi dire par une attaque de paludisme, fut, malgré son énergie, contraint de cesser notre navigation en plein soleil. Son état s'aggrava rapidement et, jugeant que dans ces conditions la continuation de la route ne serait pour lui possible qu'après un repos de plusieurs jours, nous procédâmes à une installation rapide en plein bois.

Les Indiens, en moins de vingt minutes, édifièrent un carbet confortable, un carbet d'émerillon, pour le malade et quelques installations plus sommaires, des « ajoupas », pour nous servir d'abris en cas de pluie et de chaleur excessive.

Nous accrochâmes nos hamacs aux arbres voisins et... nous attendîmes que la santé du voyageur s'améliorât. Il n'en fut rien. Un jour, deux jours, trois jours se passèrent. Notre malheureux ami allait de mal en pis. Lorsqu'il cherchait à mettre le pied hors de son hamac, sa vue se troublait, son cœur faiblissait et il était obligé de s'allonger à terre pour éviter d'y être précipité par une syncope.

Je lisais l'inquiétude et la consternation sur le visage de nos gens. Aponchy, le premier, parla :

— Chef, me dit-il, qu'allons-nous faire? Va-t-on le laisser mourir là?

— Je crois qu'on devrait descendre au plus vite et le conduire à Saint-Laurent, à l'hôpital, ajouta Jeannette, qui depuis notre halte forcée ne fumait plus que la tête basse et le front soucieux.

— Vous savez, dis-je aux deux hommes, notre éloignement et vous n'ignorez pas les mille obstacles qui nous attendent au retour. Les surmonter sera déjà dur pour des hommes valides. Imposer un tel effort à quelqu'un d'aussi déprimé que notre malade, serait réellement inhumain... Attendons encore.

Je consultai d'ailleurs l'intéressé lui-même. Dès les premiers mots il m'interrompit :

— La mission n'est pas achevée, je ne descendrai pas.

— Qu'à cela ne tienne, lui dis-je. Je terminerai seul notre programme. La santé, — je n'osais dire la « vie », — doit passer avant tout.

Il me regarda fixement :

— Vous savez aussi bien que moi, prononça-t-il gravement, que si la crise que je subis continue, dans deux jours je n'y serai plus. Alors à quoi bon me remuer. Mieux vaut encore mourir tranquille et à l'ombre sous ce carbet, qu'au milieu des heurts et de la chaleur d'une inutile descente en pirogue.

... La crise heureusement se dénoua en faveur de la robuste constitution du malade, et au bout de quelques jours, en étendant avec mille précautions notre compagnon sous un parasol improvisé tant bien que mal à bord, avec de larges feuilles de bananier, nous pûmes reprendre le fleuve. Nous naviguions pendant les heures les moins chaudes de la matinée et n'effectuions avec lenteur qu'un court trajet, le reste de la journée étant consacrée au repos du malade toujours très fatigué, que nous installions dès l'arrêt, aussi commodément que possible, sous un carbet de fortune.

C'est ainsi, par toutes petites étapes et dans ces conditions attristantes, que nous atteignîmes péniblement le village de Panapi dont l'approche nous fut révélée par des coups de fusil. C'était Calamou et les Indiens de notre escorte qui nous y avaient précédés et s'y livraient à la chasse, avec les quelques armes à feu que nous leur avions confiées.

... Le village était vide d'habitants. Tous, le chef Panapi en tête, étaient partis procéder à la récolte du manioc dans un abatis situé plus haut, à plusieurs journées de canot. Nous décidâmes de séjourner à Panapi jusqu'à complet rétablissement du malade.

Aponchy, aidé des noirs et de l'Indien Yapané, aménagea, en moins de deux jours, une case qui, pour si peu confortable qu'elle fût, valait encore mieux que les habitations du village, toutes souillées d'une grouillante vermine.

Nous y rangeâmes nos provisions et marchandises et en fîmes notre résidence.

L'Itany coulait devant nos yeux, nous procurant quelque fraîcheur le soir et la nuit; les prélarts et les bâches goudronnées de nos canots, tendus autour de la case nous servaient de préservatifs contre le soleil; en somme, nous pûmes vivre là une quinzaine de jours sans trop souffrir de la chaleur.

Les provisions ayant été mises à terre, nous eûmes la possibilité de confectionner une meilleure cuisine que lorsque nous vivions en camp volant.

Calamou avec sa femme nous avait quitté pour aller rejoindre Panapi, son beau-père, et l'avertir de la présence des blancs dans son village; mais il nous restait quand même d'excellents chasseurs : d'abord Alepto, le piaye, qui tua un cougouar, un puma, dès le premier jour de notre arrivée, et deux autres Indiens qui surent approvisionner copieusement notre table de gibier de poils et de plumes.

L'un était Yapané, l'autre Yalou.

C'était deux types formant un contraste complet, tant au physique qu'au moral.

Yapané, vrai type de l'Indien de race, avait l'œil immobile, le nez recourbé en bec d'aigle pagani, les lèvres minces, le menton réduit, le visage aminci, l'air toujours anxieux. C'était le mutisme fait homme : il ne s'exprimait que par monosyllabes et encore les articulait-il à peine. Il marchait sans froisser les feuilles, sans presser les brindilles qui jonchent le sol et subitement se dressait à votre côté, sans que le moindre bruit eût décelé sa venue.

Nous l'avions surnommé Gringoire, parce qu'il était maigre de figure et de corps et qu'il avait l'aspect lamentable du héros de la pièce de Théodore de Banville; on eût dit une créature souffrant d'une faim perpétuelle.

Malgré cette apparence délabrée, c'était un être des plus résistants, un chasseur infatigable qui nous revenait toujours avec une venaison superbe. Yapané avait comme second un enfant de quatorze ans environ, son fils Atalia qui déjà maniait le takari comme un adulte et qui, entraîné comme il l'était à tous les exercices physiques, promettait de devenir à l'école du père, un Indien d'une habileté exceptionnelle.

Le jeune Atalia était intelligent et sympathique. Nous causions souvent ensemble :

— Ice amolé malé you, ita pati Parachichi? (Veux-tu venir avec moi dans le village des Français), lui demandai-je parfois.

A cette question, sa réponse était invariable :

— Ouà, ouà, Yépe (non, non, ami).

Et il avait raison, le pauvre petit Peau-Rouge, de décliner ma proposition. N'eût-ce pas été un véritable meurtre que de transporter cette jeune pousse des tropiques grandissant dans le soleil et l'espace, en nos climats incolores où le froid et l'emprisonnement dans des maisons l'eussent atrophiée et détruite en peu de temps.

. . . .

... Yalou, lui, avait le type d'un Mongol, type assez fréquent dans les régions que nous visitions, la figure large, les pommettes saillantes, les yeux bridés aux tempes, obliques à la chinoise et toujours en mouvement. La mobilité presque simiesque de sa physionomie contrastait du tout au tout avec l'inaltérable gravité de Yapané.

Yalou est curieux, bavard, indiscret, quémandeur et a vite fait de s'assimiler les quelques mots les moins distingués, cela va de soi, mais par contre les plus expressifs (?) du langage créole. Sa femme l'accompagne. Elle s'appelle Kouni, ce qui signifie « née pendant la vieillesse de sa mère ».

Yalou qui eût certainement, s'il eût été Parisien, fait non pas un Roucouyenne mais un « apache », était descendu du dernier village situé en haut de l'Itany, un peu avant les sources, d'Apoïké où devait d'ailleurs nous conduire dans la suite notre itinéraire... Il allait dans sa pirogue, errant un peu à l'aventure, avec son hamac, sa femme, son arc et son chaudron, heureux de vagabonder, sans nul souci, s'arrêtant chez les uns, stationnant chez les autres, vivant en somme sur le commun. Il nous rencontra et du même coup s'attacha à nous comme le vampire à la veine qu'il suce. Il s'était dit, avec son flair d'Indien madré, qu'en compagnie de gens pourvus comme nous de ressources, il y aurait à un moment ou l'autre quelques perles blanches ou bleues à glaner. Ses prévisions, d'ailleurs, se confirmèrent sans tarder, car, dès le lendemain de notre départ de chez Panapi, nous l'utilisions comme guide pour l'ascension du « Piton Vidal »... Piton Vidal? N'est-ce point un crime, un sacrilège contre le goût, que de désigner avec autant de vulgarité et de débaptiser une montagne dont l'appellation indienne est infiniment gracieuse et poétique; les indigènes la nomment Knopoiamoé, ce qui veut dire : « Joli bouton de fleur ».

CHAPITRE X

Nos veillées dans la forêt vierge. — Contes créoles. — La biche
et la tortue.

Cependant, dans ce village désert de Panapi, les
journées s'écoulaient monotones et moroses dans
l'inactivité. Nos hommes, pour qui ce farniente était
une aubaine, s'en donnaient à cœur joie et se livraient,
à longueur de jour, aux douceurs de la sieste. Le
soir, dès les premières ombres, ils s'allongeaient
derechef dans leur hamac et là, fumant pipes ou cigarettes, ils écoutaient, recueillis et silencieux, l'un
d'eux dont la voix, s'élevant dans la nuit, contait
avec des inflexions appropriées aux situations des
personnages, les exploits fantastiques de héros invraisemblables, tels que seule peut en inventer l'imagination noire.

C'était un mélange bizarre et affolant de macaques
amoureux de princesses, de tigres ravisseurs de filles
de rois, de tortues se transformant en personnages
remplis de sapience; c'était des apparitions de « mas-
quilili », sortes de nains effrayants, de gnômes à pieds
tournés en arrière qui égorgent les mineurs égarés
au fond des bois; de « zombis » ou fantômes évadés des
sépulcres dont la vue est toujours fatale à qui les
aperçoit...; puis des interventions merveilleuses autant
qu'inexplicables de saints et de saintes, de diables et
de diablotins de toutes variétés et qualités, tout cela

tout ce monde, tous ces êtres réels et irréels, s'entraînant, se mouvant, s'enchaînant, se pourchassant et se débattant dans des scènes tenant à la fois du rêve de féerie ou du plus affreux des cauchemars...

Et très souvent ces récits se prolongeaient fort avant dans la nuit, chacun des auditeurs se faisant conteur à son tour.

Voici un de ces contes que j'ai pu écouter et traduire. Notre bon fabuliste La Fontaine n'en eût désapprouvé ni la saveur de l'action, ni le jeu des acteurs. Il peut s'intituler : « La Biche et la Tortue ».

... « En ce temps-là, c'était pendant la saison sèche, la pluie manquait depuis longtemps et la brûlure du soleil avait rôti les plantes qui naissent à terre et les feuilles qui vivent dans les arbres. La disette régnait dans les bois, c'était la désolation.

« La tortue qui est sagace, inventive et rusée comme un notaire, n'était pas plus heureuse que les autres animaux et elle allait cahin-caha, fatiguée, lente et soucieuse le long du sentier, en se disant en elle-même : « Que va-t-on devenir si la terre ne fournit « plus de verdure? Faudra-t-il mourir de faim? » Et elle continuait quand même à cheminer, espérant que sur le couchant de la colline, Dieu aurait été moins dur pour le pauvre monde et y aurait peut-être laissé quelques pousses d'herbe à grignoter.

« Tout à coup, elle se trouva face à face avec un tigre qui se glissait hors du fourré. « Ah! comme il « est maigre », remarqua la tortue, et, pour ne point l'irriter, elle se fit toute petite, toute dolente et elle prit une pauvre voix souffreteuse pour lui dire :

« — Bonjour, seigneur Tigre, couma ou fika? (Comment allez-vous).

« — Mal, répondit celui-ci. Vois mes côtes, elles

se touchent. Depuis six jours mon ventre est vide.
Mes petits crient famine. Je t'aime bien ma bonne
tortue, mais il va falloir que je te mange, c'est
de toute nécessité.

« — Mais regarde-moi donc, soupira la tortue; je
ne vaux pas la peine d'un coup de gueule, je n'ai
que ma peau et ma carapace sur les os... puis songe
que j'étais tellement tiraillée par la faim que ce
tantôt j'ai avalé de dangereuses feuilles de « vlovlo »
et de mauvaises racines de « sinapou ». Déjà je sens
des coliques me tordre, le poison agit; ah! tu ferais
une bien mauvaise spéculation en me croquant;
il est vrai que si tu es malheureux, ce serait peut-
être, pauvre seigneur Tigre, une ressource pour toi
de mourir à ton tour empoisonné par ma maigre
et pitoyable carcasse. Mais j'y pense, si tu as encore
quelque jarret, cours donc vite : là-bas, dans le
sentier, à gauche, tu vas rencontrer notre compère Kariakou que j'y ai laissé il y a à peine vingt
minutes... Il est encore gras, lui!... »

« Le tigre n'en écouta pas davantage. Et de toutes
ses forces, il s'élança dans la direction indiquée.

« — Ah! soupira la tortue, je l'ai échappé belle. »

« Et elle se prit à courir de toute la longueur et
de toute la vitesse de ses malheureuses petites jambes
de trotte-menu.

« Elle arriva le soir dans une contrée qu'elle n'avait
encore jamais vue et aux abords d'un immense jardin
où il y avait de la verdure à foison : « Je suis sauvée, »
pensa Mme Tortue, et elle remercia le bon Dieu.
Puis elle se mit à brouter et toute la nuit elle ne fit
que manger...; elle mangea jusqu'à éclater.

« Or, ce magnifique jardin, ce paradis terrestre,
était la propriété d'un roi très grand et très puissant.

« Le lendemain, en constatant la disparition de ses salades les plus belles et de ses choux les mieux venus, celui-ci entra en fureur. Il fit pendre ses jardiniers et mit cent hommes de garde autour de son verger.

« La tortue, patiemment, attendit la nuit. Puis elle se glissa sans bruit entre les jambes des gendarmes et fit un nouveau festin des plus succulents.

« Au su de ce nouveau méfait, la colère du roi fut sans borne. Il fit pendre dix capitaines et promit le même sort au reste de la troupe si le voleur n'était pas appréhendé sous vingt-quatre heures.

« Mais prendre la tortue n'est point chose facile. Le jour, elle se terrait dans un ravin et n'en sortait qu'aux ténèbres pour recommencer ses déprédations.

« Le roi ne pouvait pourtant point décimer toute une armée et mettre toute sa garde à mort.

« Il s'en fut, suivi de sa cour, consulter un devin des plus célèbres.

« — Voici mon conseil, dit le magicien; fais entourer tes jardins et ton palais d'une épaisse palissade de quatre mètres de hauteur, n'y ménage qu'une unique et seule ouverture de la largeur d'un homme, et, dans ce passage, dépose secrètement un piège, une trappe. »

« — Tu as bien parlé », dit le roi qui laissa une bourse pleine d'or.

« ... La tortue ne fut pas contente quand elle trouva enclose de planches la propriété qu'elle considérait comme sienne. Elle se prit à maugréer d'abord... puis en fit le tour ensuite... et enfin elle arriva au passage prescrit par l'habile devin. A peine y eut-elle posé le pied qu'un déclic fit jouer une branche inclinée vers le sol, laquelle se redressa brusquement, enlevant dans l'espace la pauvre tortue qui se trouva prise par une patte et balancée dans l'air au bout d'une corde.

« — Cette fois, c'est la fin », dit la tortue et elle se mit à sangloter. Elle faisait déjà son acte de contrition quand, à la lueur incertaine de la lune, elle crut voir passer la niaise Mme la Biche... C'était le salut possible.

« — Bonjour, ma chère madame Biche », cria la tortue de sa voix la plus joyeuse et, avec ardeur, elle se balançait à grands coups de reins au bout de sa corde qui décrivait des courbes de plus en plus rapides, de plus en plus amples, de plus en plus longues. Surprise et étonnée, la biche s'informa :

« — Mais que faites-vous donc là? madame Tortue.

« — Eh mais, tu ne vois donc point, commère, dit la tortue, je m'amuse. Ah! c'est délicieux, c'est rafraîchissant, cet exercice est merveilleux, c'est de l'hygiène, c'est du plaisir. Il me semble que l'air que je frôle me chatouille agréablement tout le corps. Ah! j'ai fait une affaire d'or... Cette balançoire est sans pareille... Je l'ai payée bon, par exemple... J'y ai mis le prix... Cinquante grammes d'or, cent cinquante francs... Madame la Biche... mais vrai, en conscience, j'en ai pour mon argent; je ne la donnerais pas pour le double. »

« Et pendant ce monologue, la tortue se balançait de plus en plus, elle se balançait fébrilement, elle se balançait follement, avec rage, à perte de souffle, à perte d'haleine.

« La biche s'était assise sur son train d'arrière et regardait avec ses gros yeux ronds remplis d'envie, cette gymnastique effrénée.

« — Ah! que c'est bon! que c'est bon! » criait la tortue qui ponctuait son balancement d'exclamations d'aise...

« — Ah! je ne suis pas une nigaude comme toi, la Biche, moi je sais à propos dépenser mon argent... Au lieu de boire des liqueurs fortes et de faire des folies en compagnie des hommes, tu ferais bien mieux, si tu étais intelligente, — mais tu es trop bête pour ça — de te commander une belle et bonne escarpolette comme celle-ci...

« — Ça doit être bien agréable, osa dire la biche, mais c'est trop coûteux pour moi... et elle regardait avec admiration la tortue qui se donnait un mal fou pour augmenter l'amplitude de sa voltige aérienne.

« — Veux-tu essayer mon appareil? demanda la tortue qui sentait sa biche à point.

« — Oh! oui, fit celle-ci.

« — Eh bien approche donc... Appuie ferme ton menton sur le montant et abaisse-le que je puisse descendre... Bien, relâche un peu ce nœud que j'en retire le pied... et à ton tour maintenant, mets-y ta jambe à ma place...

« La biche, pas malicieuse pour un « sou marqué » (1) exécuta l'ordre. Prestement, la tortue dégagea sa patte... et la biche soulevée de terre à son tour, s'en fut dans l'espace essayer de la balançoire de Mme Tortue...

« Celle-ci ne perdit pas son temps à remercier la pauvre bête.

« Elle lui jeta pourtant, en se sauvant à toutes jambes, ce proverbe créole qui en dit bien plus en quelques mots, qu'un discours à n'en plus finir :

« — Zafé quiou mêrle qui prend plomb. (Tant pis pour... la queue (?)... du merle qui s'expose au plomb!

(1) Vieille monnaie française encore en usage en Guyane. Le sou marqué vaut un décime.

CHAPITRE XI

Aponchy nous dit les exploits de Tata-Boni, le héros des légendes
guerrières du haut Maroni.

Aponchy, lui, qui ne voulait pas être en reste,
disait les prouesses demeurées légendaires, des héros
de son pays.

Un soir il narra, à sa façon bien entendu, l'histoire
de Tata (capitaine, chef) Boni, le créateur de la liberté,
le fondateur de la tribu, le père de cette vaillante race
de piroguiers, la plus intrépide qui soit, la seule qui
ait osé affronter et vaincre, sans jamais se déconcerter, la furieuse et perfide impétuosité de ce Maroni
si fréquemment homicide.

J'écoutai. Voici ce que j'entendis :

« Tata-Boni — la grand'mère de ma mère était
sa sœur — vivait il y a loin, plus de cent ans (1780).
Un jour, il sauva la vie à son maître que roulaient
les eaux violentes d'un torrent irrésistible. Sous le
coup de l'émotion et de la reconnaissance immé-
diates, le blanc, un Hollandais, dit au noir :

« — Que désires-tu? Que veux-tu en récompense?

« — La liberté, répondit l'esclave.

« — Tu l'auras.

« Mais le danger passé, le maître oublia la pro-
messe. Tata-Boni, lui, n'oubliait point et, un matin,
celui dont il avait précédemment préservé les jours
au péril de sa vie, ne se réveilla pas. Sur sa couche

TYPES DE MOROGUIERS BONIS
RAVITAILLEURS DES CHERCHEURS D'OR

LES BOSCHS ET BONIS SONT POLYGAMES

ensanglantée, son corps gisait décapité. Un grand sabre de cavalerie, long, lourd, bien coupant, avait disparu. Au crochet qui soutenait l'arme, au chevet du mort, le meurtrier avait fixé un écriteau sur lequel étaient écrits des caractères grossièrement tracés, qui signifiaient ceci :

« — L'œuvre de la vengeance est commencée. Malheur aux blancs.

« Après ce fait, Tata-Boni prit la brousse, suivi d'une centaine de nègres marrons (évadés) dont il fit ses compagnons de révolte. En plus de l'arc et des casse-têtes accoutumés, il les arma de fusils, de haches, de couteaux, de sabres d'abatis dérobés aux habitations dont ils massacraient impitoyablement la population blanche. Les maîtres morts, les esclaves avaient le choix entre le suivre, lui Tata-Boni, ou mourir. Hésitaient-ils à se ranger dans sa suite, l'affaire était vite tranchée. D'un revers de son grand sabre — le sabre de la première victime — il leur détachait la tête et les expédiait dans le royaume de Gadou (le bon Dieu des Bonis) retrouver leurs anciens patrons terrestres.

« Il tint le bois où il fut maître et roi pendant des années et des années, guerroyant continuellement, se tirant avec un rare bonheur qu'on qualifiait de magique, des guets-apens les mieux organisés. Toujours triomphant, jamais vaincu, il battait et exterminait tour à tour et les soldats d'Europe dépêchés à sa poursuite et les multiples et incessantes expéditions de nègres Boschs que les Hollandais, devenus sur le tard économes de leur propre sang, dirigeaient, sans répit ni trêve, sur Cottica, sa résidence et son centre d'action.

« Cependant les lunes succédaient aux lunes, les

mois aux mois, les années aux années et les luttes aux luttes. Tata-Boni et son sabre, l'un et l'autre, vieillissaient : le bras se levait moins rapide, le sabre s'abattait moins vif. Cela n'empêchait quand même point le terrible et rusé capitaine de conserver intacte et de garder ferme sur ses solides épaules, sa rude tête depuis si longtemps mise à prix. Et il l'aurait gardée longtemps..., toujours..., si son cœur, au lieu de demeurer jeune, eût vieilli à l'unisson du reste de son corps.

« Mais Tata-Boni, malgré ses cheveux devenus blancs comme la bourre duvetée et floconneuse des cotonniers fructifiants, se prit à aimer, avec la fougue de sa nature indomptée, une superbe fille de la rive opposée dont le regard avait le doux et captivant éclat des étoiles de la nuit et dont le corps en fleur exhalait un parfum de jeunesse qui affola le vieux vainqueur.

« Abéniba (1) — c'était le nom de la troublante enfant du Maroni — avait pour père un capitaine Bosch, un Youka, serviteur des Hollandais, irréductible et personnel ennemi de Tata-Boni. Elle s'en fut le trouver :

« — Père, dit-elle, Tata-Boni l'infâme a massacré nos frères par milliers. Je veux les venger. Je veux tuer Boni. Cela sera, je le jure.

« — Comment feras-tu, ma fille?

« — Il désire mon corps et me veut en possession. Je serai, conclut Abéniba, le prix du secret qui le rend invulnérable... Je vous le livrerai sans défense et ce sera ton propre bras, ô père, qui abattra enfin cette tête maudite et quand tu la lui apporteras,

____

(1) Abéniba veut dire « mardi ».

le grand chef Hollandais te la paiera en pièces d'or
que j'intercalerai entre les perles de mes colliers et
les anneaux de mes bracelets.

. . . .

« ... Cependant, sans bruit, la pirogue de Tata-
Boni glissait sur l'eau dans la nuit. Il traversa le
fleuve. Il aborda sur la rive ennemie où, son inséparable sabre au poing, il scruta avec soin les ténèbres :
très vague et indécise, une silhouette de femme
apparut, se dessinant sous la pâle lueur de la lune...
C'était l'attendue, c'était Abéniba, celle qui apportait
l'amour... et la mort.

« Tata-Boni, sans mot dire, l'enleva dans ses
bras avides et, tel un fauve ravissant une proie,
l'emporta dans un mystérieux repaire connu de lui
seul...

« — Oui, chef redoutable, je t'aime et serai tienne
proclamait la fatale amoureuse, parce que tu es
brave, parce que tu es tout puissant, parce que
Gadou ou Yoloch (1) ont fait de toi le seul Etre
invincible. Mais pour prix de mon abandon, je
veux savoir la cause de ta force. La confidence
d'un tel secret sera mon orgueil et ma joie. Ap-
prends-moi quel piaye, quel talisman t'ont rendu
invulnérable?

« L'amour d'un vieillard pour une enfant est une
démence. Le vieux Tata-Boni devint fou et la jeune
Abéniba, la Dalila noire, entendit la révélation du
secret tant convoité...

« Elle se glissa sans bruit, hors du hamac du
vieil amant, sauta légère dans la propre pirogue du
chef Boni et pagayant avec l'ardeur du serment à

(1) Les Bonis appellent aussi le diable « Dibidi ».

accomplir, elle parvint vite au campement des siens.

« — Père et maître, dit-elle, le vieux Tata-Boni est à nous. Je sais son secret. Il dort et la fatigue le tiendra cloué en sommeil pendant plusieurs heures encore. Vite, broyez le fer d'un marteau; ce fer, faites-le fondre; avec ce fer fondu, coulez une balle... Cette balle glissez-la dans votre fusil... et avec le fusil ajustez Tata-Boni au sommet du crâne, à l'endroit exact d'où partent les cheveux pour se répartir sur la tête... Faites feu... Il mourra cette fois.

.   .   .   .

« Le lingot de fer fracassa les os de Boni, surpris dans son sommeil. Mais les hommes de sa trempe ne se tuent pas d'un seul coup. Quoique mortellement atteint, il se jeta, bondissant, hors de sa couche et avec une frénésie centuplée par le spasme formidable de sa puissante agonie, il se mit à faire tournoyer, en rugissant au massacre, comme un jaguar aux abois, la vaste et lourde lame de son glaive. Et avec une rapidité d'éclair, son bras faucha l'espace tout alentour et pendant quelques secondes des théories de têtes s'abattirent, séparées du tronc comme des fruits trop mûrs, et des corps s'affaissèrent ainsi que des ajoncs pourris rompus par la tempête.

« Ce fut son trophée suprême.

« Quand le sol, jonché de cadavres, fut devenu semblable à un effrayant tapis rouge, le tragique sabreur s'y laissa choir. Il embrassa d'un regard de regret et d'adieu son arme sûre et fidèle, déplora l'acte de faiblesse et d'amour qui l'avait conduit à sa perte;... puis tournant face à ses lâches agresseurs son visage héroïque et ravagé, il jeta aux Boschs avec son dernier souffle, l'expression suprême de son éternel mépris. Il s'éteignit enfin, laissant à son fils Atopa le soin de venger sa mort. »

. . . .

Telle fut la fin inoubliable de Tata-Boni, l'ancêtre légendaire et victorieux, le promoteur de la liberté des Bonis, dont on s'enorgueillit encore sous les cases de Cottica, d'Assissi, Coromontibo et autres villages du haut Maroni.

CHAPITRE XII

Aponchy, flatté de l'attention que j'accordais à ses paroles et de l'intérêt que je prenais à ses récits, m'initiait aux mœurs et coutumes des gens de sa race. J'appris par lui bien des choses ignorées.

... Les Bonis sont polygames, mais il est rare qu'ils vivent avec deux femmes sous le même toit; leurs épouses sont généralement réparties, échelonnées dans différents villages. Ils les visitent lors de leur passage en canot.

Quand un Boni désire acquérir une femme, il s'adresse au chef de la famille, soit au père, soit au frère aîné, et demande à celui-ci l'autorisation de coopérer à l'accroissement de sa maison. S'il est agréé, à la suite d'un festin où sont conviés les parents, les amis et les notables du village, il devient l'époux de celle qu'il a convoitée.

Les charges que lui impose sa prérogative conjugale sont légères au possible et il s'acquitte aisément de ses obligations en laissant de temps en temps à son logis de passage, quelques morceaux d'étoffe, dont l'épouse se fera une camisa, ou quelques ustensiles de ménage et articles d'alimentation de première nécessité.

Toutefois, lorsque la femme enfante, le chef de village lui-même — s'il l'oubliait — lui rappelle en personne que durant trois mois au moins, il doit — c'est l'usage établi — aide et protection à la mère et au nourrisson. L'enfant reçoit le nom du jour de la semaine où il est né; j'eus comme pagayeurs un nommé Couachi (dimanche), un Koudio (lundi), un Couamina (samedi); et... à ce réglementaire et indispensable prénom, on ajoute souvent un surnom, moins rigoureux où la fantaisie peut se donner carrière et qui servira seul, pour éviter d'inévitables confusions, à désigner dans la suite le nouveau-né. C'est le cas d'Aponchy, notre guide, dont le nom signifie : homme bien doué, bien doté, bien pourvu sous tous rapports... En un mot, quelque chose comme : Fortuné, mais avec un sens plus étendu, si nous le baptisions dans notre langue...

L'enfant, quel que soit son sexe, n'appartient pas au père selon la nature. Il est la propriété de la lignée maternelle et devient la possession soit du grand-père, soit de l'un de ses oncles à commencer par l'aîné. Ces derniers, d'ailleurs, le considèrent comme leur fils légal et il sera, c'est l'usage, leur successeur et héritier.

Le grand Man actuel, suivant cette tradition, est le fils de la sœur de son prédécesseur Anato, et il aura pour successeur, non pas le bambin nu et malicieux qui, pendant que je palabrais avec son père, m'arrachait furtivement des boutons de dolman pour s'orner les cheveux, mais le fils d'une sœur aînée qui vit sous une autre case : la transmission du pouvoir se fait par les femmes.

Ce mode de filiation spécial au Boschs et aux Bonis, m'explique pourquoi Aponchy confie pendant ses absences, la direction de sa maison et de ses

intérêts à Adam, son neveu, né du commerce de sa
sœur avec Apatou, l'ancien et célèbre guide du malheureux docteur Crevaux, tué par les Indiens Tobas
en 1882.

Aponchy a cependant trois ou quatre fils qui,
d'ailleurs, selon les usages, n'ont pas été élevés par
lui et auxquels, toujours selon la coutume, il n'accorde
que fort peu d'intérêt bien qu'issus de son propre sang.

J'ai pu me convaincre de cette indifférence paternelle
— que je suppose plus conventionnelle que réelle —
lors du passage à Pomofou, où réside son père, de l'un
d'eux, le jeune Moco, qui sert d'aide-takari à un patron
de pirogue d'Assissi. Il n'y eut aucune effusion de
part ni d'autre, aucune manifestation de tendresse
et c'est à peine si Aponchy, qui est pourtant supérieur à la plupart de ses congénères et très largement
hospitalier, prit garde à son enfant. Il ne songea
même pas à lui offrir le fameux punch créole (une
pellicule de citron, eau sucrée et tafia), aujourd'hui
d'un usage courant chez les Bonis, comme chez tous
les Guyanais...

— Quel était ce jeune homme d'air intelligent
qui est parti sans que tu lui aies rien donné, pas
même à sucer une des oranges de l'arbre qui nous
abrite? demandai-je.

— C'est un fils à moi...

— Comment s'appelle-t-il?

— Moco..., me répondit Aponchy.

Et ce fut là toute la réponse que ma question put
tirer des lèvres... je n'ose dire du cœur... de ce père
Boni; j'espérais mieux, moins de sécheresse. Il paraît
d'ailleurs que cette froideur était, en la circonstance,
de règle et de bon ton.

Grâce à ce système d'éducation, où l'action et

l'ingérence paternelle sont réduites au minimum, à néant pour mieux dire, le jeune Boni acquiert vite entre les mains de l'oncle chargé de le façonner une virilité d'esprit et une habileté professionnelle que lui inculquerait moins promptement et moins sûrement l'auteur de ses jours forcément plus débonnaire.

Qu'ils soient fils de chefs ou de gueux, les enfants débutent dans la vie sur un même pied d'égalité, et commencent tous par devenir d'abord d'habiles chasseurs et de courageux piroguiers.

Par suite d'une telle méthode dans la formation des enfants, on ne voit jamais chez les Bonis, de ces êtres inactifs et inutiles qui se targuent de la richesse ou de la réputation paternelle, pour vivre dans la mollesse et constituer la légion de ces non-valeurs qui sont une des tares de la civilisation...

... Les Boschs et les Bonis, qui sont de même race, habitant les uns la rive hollandaise, les autres la rive française du Maroni, jouissent, contrairement aux Indiens, d'une rare longévité.

Ainsi Aponchy qui, pendant notre voyage, fit montre d'une activité, d'une souplesse et d'une robustesse d'homme en pleine possession de sa vigueur, ne saurait avoir moins de soixante-dix ans. Quand fut promulgué l'abolition de l'esclavage, il était déjà un adolescent et se souvient fort bien de la bruyante allégresse que suscita dans les cases l'annonce de la liberté nouvelle; or, c'était en 1848..., nous sommes en 1908. En supposant Aponchy septuagénaire, nous ne sommes pas loin de compte.

Il y a mieux. Aponchy, tout âgé qu'il soit sans le paraître, possède des oncles et des tantes centenaires ou candidats centenaires, qui sont encore très vivaces et très droits. L'un d'eux, le vieil Aguidé, était à coup sûr le plus antique de cette lignée d'ancêtre. Sec de peau, plissé et ratatiné de visage, il restait quand même dressé sur ses longs et maigres os, et chaque jour, pendant notre présence à Pomofou, il ne manqua pas de venir d'un village voisin, absorber la dose de tafia que des blancs d'importance comme nous, ne pouvaient se dispenser de mettre à sa disposition. Il pagayait encore proprement et seul, à l'aller comme au retour, dirigeait son canot. Il se présentait souriant, sans trop d'apparence de fatigue et pour nous faire honneur, toujours drapé dans une espèce de grand sûroit qu'il avait taillé dans un tapis de table en toile cirée. Ce vêtement peu banal représentait une carte de France et des vues d'une exposition universelle déjà vieille d'un demi-siècle. Il en était très fier.

En dehors de ceux-ci, j'ai vu, de mes propres yeux, beaucoup d'autres encore de ces spécimens de résistance humaine, et je ne trouve nullement téméraire de présumer que la plupart de ces vieillards devaient avoir bien près, sinon plus, d'un siècle d'existence.

Malgré tout, les nègres des bois ne sont pas immortels.

Lorsque l'un d'eux meurt, on le met dans une bière faite de planches grossières et mal jointes et on le conserve pendant une semaine au moins dans sa case. Tous les jours, vers midi, les hommes du voisinage viennent, prennent sur leurs épaules le mort dans sa châsse de bois et le promènent par les rues du village. De leur porte, les habitants saluent au passage la procession du décédé... dont le cercueil tour à tour s'incline et se redresse pour répondre aux politesses qui lui sont faites. Un piaye guide la promenade funèbre et il est de tradition que le défunt, lorsqu'il a enfoui de son vivant quelque trésor sous terre, doive s'arrêter sur l'emplacement de la cachette. Le mort, dans son enveloppe de bois, devient alors lourd comme une roche du Maroni, une pesanteur insolite cloue au sol les pieds des porteurs, le trépassé se refuse obstinément à laisser cheminer plus avant son cortège.

Quand le corps entre en pleine décomposition, que les liquides coulent par les fissures du cercueil et empuantissent l'atmosphère, on se décide enfin à enfouir le cadavre... On l'enterre dans des cimetières, établis en dehors des villages, dans une fosse sur laquelle on érige un carbet protecteur. Les Bonis du haut Maroni ont un cimetière commun à Cottica. Ils y transportent leurs morts par pirogues après les huit ou dix jours de cérémonies nécessaires. Ces longues funérailles sont motifs à réunions de familles. Et si l'on consacre le jour au souvenir, aux regrets et aux lamentations en commun, par contre la nuit sera toute à la joie : on chante, on boit, on danse, on rit..., on oublie la misère humaine, on oublie celui qui n'est plus.

. . . .

Lorsqu'un Boni décède au loin, pendant un voyage, ses compagnons rapportent au pays natal ses ongles et ses cheveux, qui sont exactement l'objet du même culte et donnent lieu au même cérémonial que le corps complet.

C'est ce qui advint pour Coppy, un frère d'Aponchy, qui mourut à l'hôpital de Saint-Laurent quelques jours avant le départ de nos pirogues pour le haut Maroni. Sa chevelure et ses ongles furent pieusement rapportés à sa veuve et ces reliques reçurent tous les devoirs et tous les honneurs qui sont dévolus aux morts. Les Bonis, hommes et femmes, portent le deuil en se ceignant le front d'un bandeau d'étoffe blanche qui fait le tour de la tête. Ils ont, de même que les Indiens, une « chanson des pleurs » et toute une série de lamentations prévues, traditionnelles, pour exprimer leurs regrets qui d'ailleurs ne sont nullement éternels. Au bout de six mois, en effet, on clôt le deuil par une fête en l'honneur du défunt. Tous ceux qui furent des funérailles peuvent y participer. Cette fête ressemble à toutes les réjouissances de ce pays où « boire » et « danser » priment le reste. Aponchy, lui, qui devient d'un modernisme stupéfiant, nous supplia de lui céder des fusées, pétards, feux de Bengale et autres articles d'artifice, apportés de France, pour donner plus de lustre et de relief à la fin de deuil de feu Coppy, son frère...

Au lendemain de cet ultime cérémonie payée à la mémoire du disparu, chacun se réveille ayant définitivement oublié la perte de celui qui fut très correctement regretté et pleuré pendant les six mois réglementaires.

Les funérailles ont donné lieu, chez certaines peuplades Boschs, à des scènes d'un réalisme tel, en son horreur, que l'imagination ose à peine y croire. C'est ainsi que les Saramacas — dont une horde que j'ai visitée, se trouve cantonnée dans le Sinnamary, aux abords de la crique Tigre — se refusaient encore, il y a quelques années à peine, à enterrer leurs morts de marque.

Le cadavre était conservé dans sa case, à l'air libre et, lorsque travaillé par les germes cadavériques, il commençait à s'épandre, liquéfié par la putréfaction, les hommes de la tribu, par ordre d'âge et de dignité, s'approchaient alors et chacun d'eux, à tour de rôle, faisait provision du plus de purulence et de sanie qu'il pouvait, pour s'en frotter, s'en oindre, s'en imprégner le corps.

Selon leur croyance, cette opération immonde devait faire pénétrer en leur propre chair, les vertus et les qualités du défunt, qui, sous la terre, se seraient dissipées sans profit pour les survivants.

Il fallut qu'à plusieurs reprises, les colons d'alentour, alarmés par ces pestilences, intervinssent fusil au poing, pour faire cesser ces abominables, dange-reuses et répugnantes pratiques de sauvages...

. . . .

Comme tous les primitifs en contact avec les blancs, les Bonis sont enclins à s'assimiler de la civilisation, surtout ce qu'elle a de néfaste et de mauvais. Ils ne nous empruntent aucune de nos qualités, mais ils se hâtent par contre de perdre celles qui, jusque-là, les mettaient en valeur. Actuellement la passion du tafia sévit partout chez les noirs. L'alcoolisme y fait de nombreuses victimes et y exerce des ravages sur la descendance qui deviendra forcément chétive et ignorera la vaillance et la vigueur des générations passées. Des preuves de cette décadence physique se rencontreront fréquemment sur ma route :

Un peu avant d'arriver aux sauts Langatapiqui, Gondo-campo (riche maison) et Hermina, se trouve la tribu des Paramakas qui a pour chef un vieux Bosch nommé Apinsa.

Nous nous étions arrêtés un peu au-dessus de son village pour laisser souffler nos hommes, dans un magasin à la façade duquel flottaient les couleurs nationales et où un jeune homme de trente ans à peine, un Français, un Parisien aux bras ornés de nombreux tatouages, nous avait reçus avec empressement, mettant sa case et son contenu à notre disposition. Ce garçon qui, avec une réserve, une discrétion significatives... n'avait pas osé nous tendre la main à l'arrivée, était sans aucun doute un évadé du bagne. J'en eus d'ailleurs dans la suite la certitude. Il vivait là, sur la rive française, depuis plusieurs années, faisant du commerce avec une clientèle de maraudeurs, sans d'ailleurs être autrement inquiété.

Le soir, après un rapide et très frugal repas, il nous donna, avec la joie naïve d'un exilé pouvant enfin parler la langue maternelle à des gens la comprenant, lecture de journaux français : *le Petit Parisien* et *l'Intransigeant*. Ces feuilles dataient de cinq mois... et le malheureux les avait tellement lues et relues qu'il en connaissait le texte par cœur.

Il fut interrompu dans son exercice vocal par la venue de deux Boschs Paramakas qui, ayant su qu'un docteur était arrivé dans ces parages, venaient me prendre en pirogue pour me conduire auprès d'Apinsa leur chef, malade, ainsi que son fils et sa fille. J'accédai à leur désir et je me rendis à leur village.

J'examinai Apinsa : il souffrait d'une maladie de la vessie, d'un cancer probablement. Sa fille Acouba, Mlle « Mercredi », était atteinte d'eczéma de la face. Son fils, vingt ans environ, vêtu à l'européenne, était un pauvre être malingre, souffreteux, rachitique, loti d'une maladie de cœur et nanti d'une jambe atrophiée dès l'enfance et plus courte que l'autre; un spécimen enfin d'une tare héréditaire que très décemment en France, nous appelons maintenant avec Brieux, l' « avarie ».

Plusieurs enfants me furent présentés qui avaient le ventre gonflé, distendu par le carreau : l'hydropisie est fréquente chez beaucoup de petits Bonis.

Cette visite chez Apinsa me corrobora dans l'idée déjà énoncée, que la déchéance corporelle s'accentue chez ces sauvages, proportionnellement à ce qu'on appelle le degré de civilisation. Ce village est en effet le mieux organisé que je vis chez les Boschs ou Bonis, celui où l'intervention de l'Européen apparaît le plus.

Les Hollandais, avec un sens pratique qui nous fait défaut, y ont établi une sorte d'église-école réformiste, qui est en même temps un comptoir commercial. Un instituteur, à la fois pasteur, médecin et trafiquant, y débite en même temps que la bonne parole, des denrées rémunératrices et des médicaments homéopathiques...

Je libellai, pour Apinsa et ses deux enfants, une ordonnance où j'apposai ma signature et je le quittai, enchanté de l'incident, mais me demandant quel pharmacien exécuterait jamais les prescriptions de cette singulière consultation médicale.

... Les piroguiers abusent, plutôt qu'ils n'usent, d'une sorte de macération noirâtre et épaisse de feuille de tabac dans de l'eau salée. Ils reniflent à tout propos et hors de propos, ce jus de nicotine qu'ils conservent sur eux, dans un pli du kalimbé, enfermé dans un petit pot approprié.

Ils ne fument point ou peu et ont en général une dentition fort blanche et magnifique dont ils prennent grand soin : jamais un pagayeur ne boit ou ne mange sans s'être au préalable lavé la bouche et les dents à grande eau.

Les Bonis sont peu empressés auprès de l'Européen; on ne peut pas dire qu'ils soient hostiles au blanc qu'ils transportent dans leur pirogue, mais ils se montrent d'une indifférence parfois pénible pour le voyageur. C'est ainsi que, sans nécessité aucune,

ils vous laisseront exposé en plein soleil pendant des
heures entières. Si vous êtes malade et n'avez point
la force de l'exiger, jamais de lui-même, spontanément, un Bosch ne vous rendra le service de dresser
au milieu de son canot, les trois ou quatre arceaux
supportant une toiture de feuilles de palmier — ce
qu'on appelle un pomakari — où vous pourriez tant
bien que mal vous allonger à l'ombre. Si vous êtes
très fatigué ou agonisant, c'est encore pis : plutôt
que de voir son passager mourir dans sa pirogue, le
patron Boni l'abandonnera sans hésitation et sans
scrupule, n'importe en quel endroit. Si vous le taxez
d'inhumanité, il vous répondra qu'il y a trop d'inconvénients pour lui à ramener un cadavre de blanc à
Saint-Laurent pour qu'il veuille s'y exposer.

Il serait désirable que l'administration judiciaire
tînt compte de cet état d'esprit des noirs, pour sim-
plifier le plus possible l'enquête obligatoire qu'entraîne
un décès dans ces circonstances et ne pas effaroucher,
par la longueur ou la sévérité de sa procédure, ces
Bonis et ces Boschs qui, sortis de leur fleuve et hors
de leur pirogue, sont des craintifs, des timorés, ayant
frayeur de tout en général, mais surtout de la justice
en particulier.

Ce « doigté » administratif éviterait peut-être à
d'autres dans l'avenir, la mésaventure survenue à
notre compagnon Delteil qui, excessivement malmené
par la fièvre et rapatrié sur Saint-Laurent, fut abandonné trois jours durant, sous un carbet de passage,
par son patron de canot qui redoutait de le voir
mourir à son bord et par suite d'être lui-même soumis
aux tribulations de l'enquête.

... J'ai remarqué que les adultes — pas tous, car
j'ai vu une équipe de canotiers Saramakas s'épar-

piller et s'enfuir comme une bande d'oiseaux effrayés devant l'objectif — se laissent parfois photographier sans trop de difficultés. Mais ils ne voient jamais sans appréhension l'appareil se braquer sur leur progéniture : aussitôt les mères cachent contre leurs seins la face du nourrisson et se détournent sans perdre un instant. Dans leur idée, photographier un tout petit, un nouveau-né, c'est lui porter malheur. Je crois d'ailleurs que pour déjouer pareille tentative, on inspire aux enfants qui commencent à comprendre, une crainte telle de l'Européen que même devenus grandelets, quelques-uns de ces petits noirs nous fuient comme si nous étions des croquemitaines. C'est ainsi qu'à Assissi, une jeune négrillonne de cinq à six ans, qui s'avançait placidement au dégrad pour nettoyer à l'eau une chaudière ayant servi à la cuisson du riz, laissa rouler du haut en bas de la berge son ustensile de cuisine en m'apercevant dans ma pirogue, et s'enfuit en poussant de véritables hurlements d'effroi.

... Les Bonis croient en un Dieu qui est bon : c'est Gadou, qu'ils laissent volontiers de côté puisqu'ils n'ont rien à redouter de lui. Il n'en est pas de même de l'autre, le Dieu du mal, Dibidi. A celui-là vont tous leurs sacrifices, prières, supplications. En dehors de ces deux divinités principales, il y a une infinité de petits diables de toute variété. Chaque rocher dangereux ayant provoqué des naufrages, chaque passe dans un saut où se sont perdus des marchandises, des barques et des hommes, sont le repaire, l'habitation d'un démon nuisible que l'on tâche de fléchir au moyen de libations et d'offrandes de toutes natures...

Dans les villages se dressent encore des fétiches que les Bonis honorent de leurs dévotions : ce sont généralement des piquets de bois, parfois ornés de sculptures grossières et se terminant en haut par un bras transversal, ce qui donne à l'ensemble un faux air de croix ou de gibet. On y enroule et on y fixe fréquemment des bandes d'étoffes : ce sont des ka-limbés de gens morts en odeur de vertu et de sainteté et dont l'intercession auprès des Esprits infernaux peut être de quelque poids et efficacité.

Devant l'habitation du grand Man des Boni, au centre d'une circonférence de terre battue, limitée par des galets, se dresse le buste obèse d'une femme aux mamelles vastes et pendantes. Cette grossière sculpture est façonnée en argile et représenterait, d'après l'explication qui m'a été donnée, la déesse de la Terre. Cette espèce de Cérès des Boschs, de-meure dans la famille du grand Man comme un des attributs du pouvoir.

Je vis également, au fond d'une pièce sombre, où je ne pus pénétrer, un entassement de monstres en bois de formes bizarres que je suppose être égale-ment des figurations divines que l'on exhibe en cer-taines circonstances et en certains moments. J'essayai bien de savoir quand et comment on utilisait cette réserve de divinités, mais mon interlocuteur, le grand Man, fut loin de se montrer prolixe sur ce sujet. Il éluda ma question qui, sans doute, lui parut sacrilège et profanatrice.

Boschs et Bonis sont très superstitieux. Je m'en aperçus à la montée du Maroni. Les Boschs de notre équipe avaient, à l'instigation d'un des leurs, nommé Couamina, concerté de faire exécuter au village des Paramakas, où se trouve un piaye, un sorcier de grande réputation, une cérémonie de conjuration pour assurer l'heureuse issue de leur voyage au pays indien. Plutôt que de nous prévenir de leur intention, ce qui eût, paraît-il, détruit le charme de la piayerie, ils jouèrent la comédie de la maladie, refusèrent de se mettre en route, obtinrent ainsi deux jours de repos et de répit dont ils profitèrent pour l'accomplissement de leur projet.

Nous avions failli nous fâcher ensemble, nous les avions incriminés de fainéantise, nous les avions traités de faux malades, peu leur importait : ils étaient parvenus à leurs fins et le lendemain de l'exorcisme, persuadés désormais que tout danger pour leur personne était écarté, ils repartirent le cœur léger et jamais plus, durant le reste de la route, ne s'arrêtèrent sous de faux prétextes.

Ce n'était que très incidemment et contre leur gré que je m'étais rendu compte de leur jeu en la circonstance : j'étais en effet tombé, sans m'en douter et sans qu'ils s'y attendissent, au milieu de leurs exercices cultuels, lors de la consultation que j'allais donner à Apinsa. Voici ce que je vis :

Devant une case d'aspect bizarre et mystérieux, — un temple local, — trois vieillards, trois augures, assis sur des bancs élevés, présidaient à une danse symbolique et sacrée que rythmaient deux jeunes gens, nus comme des piroguiers en travail. Ces deux hommes supportaient chacun sur une épaule, l'extrémité d'une pagaie. Ils gardaient leurs bras accolés au corps et mettaient toute leur attention et leur ingéniosité à maintenir en équilibre sur le milieu de la pagaie, un léger « bagage » (1)

____

(1) Bagage est un mot qui revient fréquemment dans la conversation créole : il signifie objet, chose, avec en plus un sens très vague très varié, très élastique quand on l'accole à certains adjectifs : Ex. : je vous aime « petit bagage », signifie : je vous aime un peu.

qu'un des assistants m'apprit être une chevelure, un
scalpe prélevé sur un mort, sur un capitaine réputé de
son vivant pour son audace et son habileté; la chute
de cette relique eût été du plus mauvais présage.

Une heure durant, les porteurs, sans discontinuer,
se livrèrent sur place à des évolutions ou systémati-
quement revenaient deux pas en avant, deux pas
en arrière, deux pas à droite et deux pas à gauche.

Pendant une heure également les trois officiants,
avec une gravité de pontifes, psalmodièrent des
incantations pendant que Couamina et sa bande,
accroupis sur leurs talons, le front et les joues bar-
bouillés d'une argile blanchâtre, les yeux dévote-
ment fixés à terre, marmottaient consciencieusement
des prières aux divinités. Sur un signe du sorcier
principal, qui se leva et s'en fut en poussant un grand
cri, l'original exercice prit fin.

... Je m'étais tenu discrètement à l'écart pour ne
pas contrarier par ma présence étrangère et intempestive la réussite de l'invocation. Couamina vint
à moi, l'air radieux, et me dit en me montrant un
gros anneau de fer enroulé comme un serpent autour
de son biceps :

— Maintenant nous pouvons t'accompagner. Ni
les flèches des mauvais Indiens, ni le venin des reptiles, ni la mâchoire du tigre ou des caïmans n'auront
prise sur nous. Toi et nous, nous sommes garantis;
la piayerie est propice...

... Ce qui ne l'empêcha point pourtant, lui et ses
acolytes Boschs, de faire de telles difficultés au moment de franchir les premiers sauts de l'Itany, que
nous préférâmes les laisser aller plutôt que d'em-
mener des gens non point disposés, non point enthou-
siastes,... mais rébarbatifs et récalcitrants.

... Les Bonis ont encore le culte d'un démon familier qui est spécialement préposé à leur case. J'ai vu Kadio, l'un de mes pagayeurs pénétrer chez lui après une longue absence, lors de notre passage à Coromontibo. Il commença par dire une sorte de litanie à mi-voix à l'adresse de son dieu-lare. Puis, sur son seuil, il versa un liquide précieux sans aucun doute, à en juger par la parcimonie qu'il mettait à le répandre. Il prit ensuite un peu de la terre ainsi mouillée et détrempée, la malaxa dans le creux de sa main gauche et de la main droite s'en appliqua des traces au front, sur les paupières, sur la poitrine, les pieds et les bras... Cela fait, il daigna s'occuper enfin de moi qui attendais sous la porte, — unique ouverture de ces habitations murées de toutes parts, — la terminaison de sa série de patenôtre.

Cette onction avec la terre est fondamentale et accompagne tous les exercices cultuels; les Bonis ne l'omettent jamais lorsqu'ils doivent franchir un saut dangereux. Lorsqu'on affronte un passage difficile, le passager ne doit jamais demander au pagayeur le nom que porte cet endroit : c'est attirer le malheur sur soi. Les noirs de la Guyane et des Antilles sont imbus de la même crainte superstitieuse et nombre de chutes sont désignées sous le nom de : saut « finie-parole », saut « où l'on ne doit plus ouvrir la bouche, plus parler », ce qui, par extension, revient à dire « saut excessivement périlleux ».

Pour en terminer avec les coutumes religieuses, hygiéniques ou traditionnelles, j'ajouterai qu'en plus de la case qui sert à remiser les fétiches, idoles ou autres objets vénérés, il existe dans chaque village une sorte de carbet de purification où les femmes se confinent et dorment lorsqu'elles subissent certaines vicissitudes inhérentes à leur constitution féminine...

... Un dernier mot sur l'extérieur de ces nègres anciennement marrons, c'est-à-dire révoltés, évadés.

Ils portent leurs cheveux tressés par petits paquets, et chacune de ces tresses se dressant en l'air comme autant de cornes, leur communique un aspect hérissé et diabolique qu'accentuent encore les tatouages étranges dont sont couturés leurs visages et leurs corps.

Ces tatouages, qui donnent à la peau l'apparence d'un cuir repoussé, résultent d'un dessin très en relief qu'on obtient en saupoudrant d'un charbon spécial des cicatrices faites avec la pointe très tranchante d'un couteau. Les places d'élection pour cette ornementation sont l'ombilic, presque toujours entouré d'un soleil aux rayons irradiés en tous sens, le front, les tempes, le coin des lèvres d'où s'échappent des spirales symétriques qui, élargissant et retroussant l'arc de la bouche comme en un rire perpétuel, donnent à la physionomie un ensemble piquant et comique.

Aponchy m'apprit que cette gravure sur peau humaine et vivante, ne s'opère pas sans souffrance et grincement de dents. Aussi, choisit-on de préférence les fins de fête où les jeunes gens, garçons et filles sont alors grisés, hypnotisés, insensibilisés par les bruits, les chants, la danse et le tafia, pour se livrer sur eux à la délicate et douloureuse opération du tatouage. Ensuite il ne s'agira plus que de retarder le plus possible la guérison des cicatrices : plus en effet elle sera tardive et mieux cela vaudra pour la réussite du dessin qui y gagnera en netteté et en beauté.

En plus du kalimbé, du pagne ou de la camisa, tous ces indigènes, aux jours de gala, arborent la « paga » : c'est un morceau d'étoffe carré, un foulard aux couleurs vives qui passe sous le bras gauche et se noue sur l'épaule droite, laissant les bras libres et recouvrant plus spécialement la poitrine et une partie du ventre...

Les noirs du Maroni sont peu loquaces et les assemblées où ils discutent des choses sérieuses sont peu bruyantes. Posément, sans cris ni gestes exagérés, l'orateur expose son idée sans que jamais l'auditoire l'interrompe : celui-ci se contente de manifester l'attention qu'il prête au discours en émettant avec douceur et discrétion l'exclamation maintes fois répétée au cours du débit de : « î... ya! î... ya! î... ya! » mot qui répond à nos interjections : « Oui! oui! parfaitement! » et qui selon l'intonation, aura la valeur d'un assentiment ou l'allure d'une désapprobation...

... Cette race des Boschs passe sa vie dans l'eau comme en son élément préféré. Dès le plus jeune âge, dès la naissance même, les enfants vivent sur la rivière et se familiarisent avec elle. En grandissant, filles comme garçons, deviennent des nageurs émérites et d'experts pagayeurs; il ne faut pas oublier que la pirogue est à peu près leur unique moyen de communication entre villages.

— Veux-tu, me demanda un jour Aponchy, venir au village voisin visiter une vieille tante à moi qui est presque aveugle et va mourir?

— Oui, répondis-je.

Et je fus m'embarquer, avec mille précautions pour ne point la faire chavirer, dans une petite pirogue au bordage dépassant à peine le niveau de l'eau, d'une légèreté et d'une instabilité qui me rappelaient les périssoires de mon pays. Le moindre mouvement de buste à droite ou à gauche, déterminait des oscillations inquiétantes.

— Pourquoi ne pars-tu pas? demandai-je à Aponchy qui avait pris place à l'arrière.

— Omé va venir.

Omé, c'était sa fille.

Omé s'avançait en effet avec un bébé de deux mois à peine, qu'elle portait à la mode du pays, à cheval sur la hanche.

Je pensais tout d'abord qu'Omé apportait à son père quelque objet nécessaire au voyage. Point. Elle sauta légère et souriante dans la frêle embarcation, s'installa à l'avant, coucha son enfant en travers de ses genoux et se mit à manœuvrer la pagaie avec l'habileté d'un homme.

Je m'étais d'abord récrié :

— Mais Aponchy, ne crains-tu pas que ta fille et son « petit monde (1) » ne tombent à l'eau et ne se noient...

A l'énoncée de cette crainte chimérique, Aponchy s'était contenté de rire sans répondre. D'ailleurs l'attitude d'Omé valait mieux pour me rassurer qu'aucune explication : elle ramait, elle chantait, elle allaitait, s'interrompant seulement de temps en temps pour immerger pendant quelques secondes au fil de l'eau, son nourrisson qui ne faisait nullement mine de trouver ce traitement hydrothérapique plus désagréable qu'autre chose...

Elevés de la sorte, il est tout naturel que les Boschs et les Bonis aient acquis, sans que nul ne songe à le leur contester et pour cause, le monopole de la navigation fluviale en Guyane : partout où les rivières sont impétueuses et violentes, se voient leurs rustiques embarcations.

---

(1) Le mot « monde », que les noirs prononcent « moun », signifie « personne » : un petit moun, un enfant — un grand moun, une grande personne.

Quand deux pirogues de Boschs ou de Bonis se croisent en cours de route, de l'une à l'autre, immédiatement, s'établit un échange de politesses dont les formules invariables se prononcent, quelle que soit la distance, à voix presque basse et avec des intonations traînantes, très douces et très chantantes :

— Hodio (bonjour), dit l'un des piroguiers.

— Akousso, Feï-dé-ba (merci, comment êtes-vous?), répond l'autre.

— Mi vacca bouilléba (mon voyage est heureux, grâce au ciel), répond le premier.

— Diaffousso! (Tant mieux, bonne continuation!)... formule le second qui, sur ce souhait, clôt le dialogue et s'éloigne.

Ces pagayeurs sont d'une habileté et d'une intrépidité uniques au monde. Nul ne sait comme eux franchir les sauts les plus redoutables et affronter les passes les plus terribles en utilisant, à la seconde précise et propice, des courants dédoublés et des contre-courants qui leur font vaincre la violence des torrents.

Ils ont charge d'approvisionner les placers de tous les grands fleuves et ils s'acquittent avec scrupule et fidélité de cet office pour lequel ils sont d'ailleurs largement rétribués. Ils perçoivent par « baril », c'est-à-dire soixante-quinze kilogrammes de cargaison, un prix qui varie avec l'éloignement du placer ou du point destinataire et les difficultés du parcours. Le voyageur qu'ils véhiculent à leur bord paie le prix d'un « baril »... Les canots Boschs peuvent porter de quinze à vingt barils.

Ils gagnent à ce travail d'assez fortes sommes, et généralement, ils en exigent le paiement en écus d'argent, dont la nationalité leur importe peu, pourvu que le module soit conforme à celui de notre pièce de cinq francs.

Que devient ce numéraire entre les mains de ces sauvages?

Autrefois, il n'y a pas bien longtemps, vingt ans à peine, les grands Mans collectionnaient les gains et les entassaient dans des futailles qu'ils prenaient plaisir et orgueil à montrer aux rares explorateurs qui s'aventuraient jusqu'à leur case.

Aujourd'hui que, le modernisme aidant, chaque sujet perçoit personnellement son dû, une petite, une minime portion de ces pièces nous revient, tranfformée par leurs possesseurs en tafia et objets de première nécessité : chandelles, clous, armes et outils...

Mais le reste, — la très grande part, — disparaît à jamais de la circulation et de la clarté du soleil... Aussi, sans être grand prophète, peut-on présumer et prédire qu'un jour — lointain, sans doute, dans des siècles, si l'on veut, lorsque les mineurs de la Guyane auront vidé la dernière crique de son dernier or — peut-être arrivera-t-il cette chose prodigieuse, que des fouilleurs plus avisés et plus heureux que les autres finiront par découvrir, sur les emplacements où jadis stationnèrent des sauvages qui s'appelaient Youkas, Paramakas, Poligoudoux, Saramakas et Bonis, des mines d'argent inespérées et... toutes monnayées : monnayées, collectionnées et frappées à la marque de tous les peuples de l'univers!... Ce sera le trésor des Boschs mis à jour, la cachette des sauvages rouverte aux civilisés, la fortune des morts restituée aux vivants...

CHAPITRE XIII

Notre séjour au village de Panapi se chiffrait déjà par une dizaine de jours, quand un matin, de très bonne heure, nous entendîmes un bruit de pagaies et vîmes un canot qui s'arrêta au dégrad. Un homme, que nous ne reconnûmes pas tout d'abord, en sortit avec l'aide de sa femme et, appuyé sur elle, se dirigea péniblement vers nous, traînant une de ses jambes avec difficultés et sautillant sur l'autre avec des airs de grand échassier blessé. C'était Calamou qui nous revenait, précédent Panapi de quelques heures, dans ce piteux état.

Le malheureux nous expliqua, par l'intermédiaire d'Aponchy, l'origine de son mal. En poussant sa pirogue échouée sur un banc de sable, il avait mis le pied sur une raie dont il n'avait pas remarqué la présence au fond de l'eau et avait été blessé au talon par le squale irrité.

A la collection des poissons nuisibles qui peuplent le Maroni, il faut ajouter et en première place, la raie.

La raie d'eau douce est excessivement dangereuse. Il y en a d'énormes. J'en ai vu mesurant un mètre de largeur et plus de deux mètres de longueur, en tenant compte de l'appendice caudal. Ce sélacien est en tout semblable à son congénère qui vit dans la mer. Mais sa queue est hérissée de tubercules, de sortes d'aiguillons crochus dont l'animal se sert comme moyen de défense. La raie est-elle foulée ou simplement heurtée par un pied imprudent, aussitôt sa queue se relève, se redresse, se projette avec force et ses piquants viennent frapper, déchirer et percer la peau sous laquelle ils instillent un poison dont les effets sont non moins nocifs, au dire des Indiens et des nègres, que le venin des serpents à crochets.

En dehors de Calamou, j'ai vu deux noirs piqués par des raies. L'un, un Saint-Lucien nommé Etienne, le fut en pêchant le coumarou dans le premier grand saut de l'Araoua; l'autre appelé Racon, fut touché au cou-de-pied, en se mettant à l'eau pour dégager notre canot envasé sur un point presque à sec de la rivière Ouaqui. Ils n'en moururent point, mais furent, l'un et l'autre, très malades. Leur jambe enfla, fut contracturée par des crampes insoutenables, et atteinte d'une lymphangite qui les condamna à l'inaction et les fit cruellement souffrir pendant plusieurs semaines.

Calamou, lui, avait été blessé à la jambe gauche. Malgré les onguents de résines diverses et les conjurations employées par le piaye, sa jambe était gonflée à pleine peau, et dans l'aine, un énorme abcès soulevait et menaçait de crever l'épiderme. Les douleurs qu'il endurait étaient intolérables.

Dès son arrivée, il s'étendit dans son hamac et Mikalou, sa femme, appliqua sur la région enflammée des morceaux de tiges de palmier pinot, de comou-comou, dont la substance juteuse et molle chauffée au-dessus d'un brasier, faisait l'office de nos cataplasmes. Cette chaude application adoucissait bien pendant un moment la souffrance de Calamou, mais n'entravait nullement l'évolution du phlegmon.

Devant l'assurance des indigènes, qui tous prétendent posséder le remède végétal infaillible en pareil cas, je n'ai pas cru devoir essayer du sérum anti-venimeux de Calmette contre les piqûres de raies : il amoindrirait très probablement la durée et l'intensité des accidents.

En tout cas, au village de Pomofou, j'avais eu l'occasion de l'expérimenter contre une morsure de serpent.

Acado, un négrillon de huit à dix ans, en fouillant les lianes enchevêtrées au bord d'une crique où s'était réfugié un poisson, un « parassi » qu'il venait de flécher, avait été profondément mordu au poignet par un grage. Le venin de ce reptile, au dire des Bonis, tue en vingt-quatre heures. Avec le sens pratique des êtres qui vivent proches de la nature, les petits camarades d'Acado avaient commencé par occire le serpent dont, comme pièce à conviction, ils apportaient la tête enfourchée au bout d'une baguette, puis avec une liane, ils avaient solidement garotté le bras du blessé, au-dessus de la plaie.

L'accident s'était produit il y avait à peine une demi-heure quand l'enfant accourut à nous. Je lui injectai environ huit centimètres cubes de sérum Calmette. Sa main et son bras, jusqu'au coude, étaient déjà enflés à éclater. La nuit fut mauvaise. Il y eût des troubles du cœur et de la circulation, la langue et les muqueuses de la bouche laissèrent suinter du sang... mais il ne succomba pas. Il se rétablit.

Etant donné la rapidité de l'enflure et l'intensité des désordres circulatoires, il est à présumer qu'il eût, selon la règle, trépassé dans la nuit, sans notre providentielle « intervention au sérum ».

Panapi, le chef, enfin arriva et du même coup le village reprit vie et animation. Les survenants étaient joyeux, car la récolte avait dépassé leurs espérances.

Après les lamentations obligatoires en l'honneur de leurs morts, dont les mânes, sous le sol des cases, avaient été pendant l'absence des vivants, privés des chants du souvenir, la population toute entière accourut contempler nos personnes, inspecter le contenu de nos cantines et admirer le lot de nos marchandises. Ce fut un assaut de curiosité, la répétition de ce qui s'était passé chez Calamou.

J'achetai pour une ceinture rouge, qu'il s'empressa de nouer autour de sa tête, un arc et des flèches à un jeune chasseur intrépide et vigoureux nommé Ourata. J'aurais voulu me procurer de ces hamacs à grandes mailles en fils de coton que tissent les Indiennes, mais cette race est tellement indolente, imprévoyante, insoucieuse du lendemain, qu'en dehors du hamac en service, ils ne songent point à s'en fabriquer même un seul de rechange. Ce n'est que plus tard, au retour, chez Yamaïké, où nous nous arrêtâmes quelques heures, que je pus, en prodiguant les perles, acquérir deux hamacs roucouyennes, d'ailleurs usagés, et des parures de danse que le propriétaire me céda en échange d'une casquette de voyage, d'une chemise de couleur et d'un sifflet en métal nickelé qu'il s'attacha de suite au cou comme un objet des plus précieux.

... Le manioc étant abondant dans les abatis de Panapi, nous renouvelâmes chez lui notre provision de couac. Le couac, sorte de tapioca grossier, est le vade-mecum, le pain des Cayennais. On le fabrique en « grageant », c'est-à-dire en frottant et désagrégeant sur une rape grossière qu'on appelle « grage », les racines de manioc, dont une partie, un tiers environ, est au préalabe mise à macérer, à rouir dans l'eau.

Le grage des Indiens est simplement constitué par une planche hérissée de pointes de bois très dur ou d'arrêtes de silex, maintenues grâce à un mucilage de gommes très adhésives. Cette opération première donne une pâte ayant la consistance d'une bouillie passablement épaisse. On exprime l'eau de cette pâte en la pressant, la comprimant, dans l'appareil appelé couleuvre, en raison de sa forme.

La couleuvre est un article de vannerie en fibres d'arouman ayant l'aspect d'un long cylindre d'un mètre et demi de longueur et de quinze centimètres environ de diamètre au repos.

On bourre l'intérieur de la couleuvre avec la pâte de manioc, puis on l'étire par en haut et par en bas. Par l'effet de ce tiraillement en directions inverses, le cylindre s'allonge dans le sens vertical, mais il se rétrécit comme diamètre et opère sur la bouillie y contenue, une compression telle que presque toute l'eau se trouve exprimée, suinte et s'échappe par les mailles, les losanges de la paroi en vannerie.

La pâte ainsi privée d'eau est mise à cuire en couche mince sur un plateau en terre ou en fonte appelé « platine », disposé au-dessus d'un feu très doux.

Pendant la cuisson, on a soin d'agiter continuellement avec une palette en bois, la préparation qui se dessèche peu à peu et prend l'aspect d'une masse grumeleuse semblable au tapioca, lequel n'est, d'ailleurs au fond, qu'un couac d'exportation très raffiné.

Les Bonis et les Roucouyennes, eux, terminent l'opération un peu différemment.

La pâte extraite de la couleuvre est d'abord desséchée, puis finement triturée et tamisée au travers d'un manaré. Cette farine est ensuite humectée et étendue en couche mince sur la platine chauffée par un brasier. Ils obtiennent ainsi ces galettes rondes, minces et plates qu'on nomme cassave. Cette cassave a l'avantage d'être d'un transport facile et d'une conservation aisée. Son goût est agréable et mieux que les grains de couac que l'on ramollit d'abord avec un peu d'eau avant de les manger, la cassave donne l'illusion du pain.

Les Cayennais qui voyagent dans les bois ou sont employés sur les placers, ont droit à un litre de couac par jour. Les Bonis en usent également, mais ils préfèrent un riz très blanc qu'ils récoltent eux-mêmes et qui s'accommode fort bien avec le poisson bouilli qui fait le fond de leur nourriture.

Du manioc, je l'ai déjà dit, on tire la liqueur nationale des Peaux-Rouges, le cachiri.

Cette fabrication donne lieu à une cérémonie symbolique à laquelle j'assistai chez Panapi.

Les Indiens font d'abord une provision de cassave épaisse et grossière. Puis tout le village, hommes et femmes, jeunes et vieux, s'assemblent à l'entour d'une pirogue halée à terre, dans laquelle on a mis l'eau nécessaire à la quantité de boisson qu'on désire obtenir, la cassave rompue en morceaux et de la pulpe de patate douce.

Le piaye et le chef débitent alors une sorte de cantilène, puis toute l'assistance s'empare d'une tranche de cassave, la mastique d'abord avec conscience et la rejette ensuite avec la salive dans la pirogue servant de récipient.

Calamou qui, tout estropié qu'il était, avait tenu à faire preuve de bonne volonté masticatrice en la circonstance, me démontra que j'avais grand tort d'incriminer et de désapprouver un usage dont je ne saisissais point la portée morale. Cette opération signifie, m'apprit-il, que tous les hommes sont égaux et frères, que la salive de l'un vaut celle de l'autre et que nul n'a le droit d'être dégoûté de son prochain.

En cas d'urgence, dès le lendemain de sa préparation à la rigueur, on peut boire le cachiri, mais si faire se peut, il vaut mieux le laisser fermenter pendant plusieurs jours : le produit sera plus alcoolique et plus savoureux, surtout si on a pris soin de continuer à l'additionner de salive. La ptyaline que renferment les glandes de la bouche, active en effet la transformation de l'amidon (c'est-à-dire dans le cas actuel du manioc) en alcool, et en augmente le pouvoir enivrant... ce que ne sauraient dédaigner les Peaux-Rouges.

Les Indiens font encore usage d'une autre liqueur spiritueuse, le sagoula, moins apprécié que le cachiri et qui provient de la canne à sucre écrasée et abandonnée à une vague fermentation. Cela ressemble de très loin à du mauvais punch très dilué.

. . . .

... Cependant, malgré les supplications à Yoloch, malgré les exorcismes et les piayeries du sorcier Alepto, Calamou allait de mal en pis. Le piaye y était pourtant allé de son grand jeu, de la grande incantation qui toujours devrait réussir. Une nuit, enfermé avec le malade dans une hutte étroite et clôturée de toutes parts qu'on avait édifiée pour cette exceptionnelle séance sur la place centrale du village, il ne cessa, jusqu'au matin, d'objurguer le diable qui torturait Calamou, et de lui intimer l'ordre de quitter le corps du malade. De temps en temps, le chant nocturne du piaye s'interrompait et un cri d'affreuse douleur déchirait l'espace.

Le piaye demandait alors avec des intonations dé-
sespérées à des acolytes qui se tenaient dehors, s'ils
n'avaient point vu s'enfuir le démon Yoloch.

— Non, nous n'avons point encore aperçu la fuite
de Yoloch, répondaient les interpellés.

Et sur cette réponse négative, la séance de piayerie
reprenait son cours, entrecoupé des mêmes interjections douloureuses déjà entendues.

Le lendemain, en visitant Calamou, de plus en plus
fiévreux, de plus en plus défait, j'eus l'explication de
ces exclamations de souffrance qui m'avaient si fort
intrigué et ému pendant la nuit. Le malheureux,
de la gorge aux mollets, avait tout son corps meurtri
de morsures. Les dents du piaye avaient imprimé
leur empreinte dans la chair couverte d'ecchymoses
du patient.

Il fallait vraiment que Calamou fût la proie d'un
diable bien tenace pour qu'une médication aussi énergique n'en eût point libéré son pauvre corps.

Ces morsures, suivies de succion que le sorcier
effectue avec sa bouche, reviennent fréquemment dans
la médication indienne : cela équivaut en somme,
avec la barbarie du procédé en plus, à une application
de ventouses scarifiées chez nous.

Dans la journée, je constatai que le pouls de Calamou s'affaiblissait. Sa fièvre était excessive, sa respi-
ration rapide et haletante. Je fus trouver Panapi, son
beau-père :

— Calamou apsic natati — Calamou est bien
mal — il est presque mort, lui dis-je.

Avec l'indifférence de sa race, il haussa les épaules,
éleva les bras, joignit les mains, fit une mimique enfin
qui voulait dire : « Que voulez-vous que j'y fasse?... »
puis esquissant ce sourire muet qui voile la face des

Indiens comme une énigme jamais déchiffrable, il s'éloigna et je l'entendis qui donnait des ordres.

... Un vaste abatis d'arbres de toutes dimensions et de toutes essences, s'étendait à perte de vue sur un des flancs du village. Depuis des mois que la hache les avait couchés à terre, ces arbres, sous l'ardente influence de la saison estivale, étaient à point desséchés pour devenir une proie facile à la flamme. Panapi avait décidé de nettoyer ce champ et de remplacer cette inutile, encombrante et excessive jonchée de bois mort par le manioc vivace et nourrissant. Depuis une semaine, on entretenait sur différents points des foyers permanents. Ce jour-là, Panapi qui avait interrogé le ciel, avait reconnu que le vent soufflait dans une direction opposée aux cases. Il était suffisamment vif, sans être violent ni capricieux. C'était l'instant propice : il donna le signal d'incendier.

Rapidement, ce fut un brasier magnifique et terrible, épouvantable et grandiose.

Une nuée dense de fumée blanchâtre, floconneuse, avec des lueurs intermittentes et rougeâtres, s'éleva, dérobant sous son épaisseur le ciel et l'espace.

Alors se fit entendre un grondement formidable et continu résultant du ronflement sourd et sinistre de l'incendie, des craquements et éclatements du bois, des hurlements terribles des animaux brûlés vifs et gémissants...

Puis, supportant le nuage lumineux et brûlant, apparurent des volutes de flammes qui se roulaient à terre et très vite se transformèrent en vagues de feu qui s'avançaient irrésistibles, et de cet embrasement, se détachèrent avec des frémissements et des flamboiements d'éclairs, comme des milliers de langues ardentes qui léchaient, hapaient, consumaient, anéantissaient tout sur leur passage.

Par moment, une saute de vent faisait osciller sur sa base enflammée cette masse incandescente dont le faîte venait alors s'incliner en tremblant sur les cases du village, y secouant une infinité d'étincelles et de flammèches, y déversant une température d'enfer.

Enfin, une trouée vomissait par intervalle des animaux de toutes variétés qui, précipités dans une ruée d'épouvante, passaient devant nos yeux, roussis, frissonnants et rapides, en une vision de cauchemar.

... Et à la vocifération du feu dévorant, se mêlaient les modulations douloureuses des litanies plaintives que les parents et amis de Calamou psalmodiaient près de sa couche fatale.

Ce fut là, peut-être, la minute la plus impressionnante et la plus angoissante que je vécus dans ce voyage.

Presque seul, loin de ma patrie et des amis, égaré dans un pays inconnu, peuplé de sauvages au cerveau autrement conformé que le mien, je me sentais isolé, perdu, et attristé jusqu'au fond de l'âme, face à face que j'étais avec ces deux fléaux, ces deux agents de destruction : l'incendie et la mort; la fournaise, d'un côté, l'agonie de l'Indien, de l'autre.

Cependant, la flamme diminuait de violence... le feu s'abattait, se traînait, rampait au ras du sol... la nuit s'annonçait. Un malaise inexprimable, auquel n'échappait point mes noirs eux-mêmes, planait dans l'air, s'alourdissait sur nous. Je percevais comme une contrainte dans les rapports avec les Indiens.

L'état de Calamou empirait. J'étais inquiet, anxieux et non sans motif. Je me demandais si le médicastre Alepto, ennuyé de son échec, ne laissait pas supposer, n'insinuait pas même que notre présence, la présence des « blancs », contrecarrait l'efficacité de ses médications et créait un obstacle à la guérison de son client.

Avant que le jour s'éteignit, je fis aligner des bouteilles vides fichées sur des fourches implantées au bord de la rivière et, à cinquante mètres environ, successivement et hâtivement, je les brisai à coups de Winchester. Les Peaux-Rouges s'étaient assemblés et considéraient mon... exploit..., avec l'admiration que leur inspire toute manœuvre d'arme à feu. Cet exercice eut l'avantage, c'était dans mon programme, de leur démontrer que nous possédions des fusils à tir rapide, puissants et précis, et qu'il serait téméraire de leur part de s'exposer à nous servir de cibles.

L'obscurité s'était faite : Autour de Calamou sans connaissance, les femmes sans cesse ni répit continuaient de psalmodier leurs invocations funéraires.

Je passai la nuit, l'oreille aux aguets, redoutant à chaque instant d'entendre Panapi donner l'ordre de procéder à la récolte du bois, le bois funèbre, le bois du bûcher, ce qui eût signifié que la mort avait fait son œuvre.

Enfin, le jour vint. Le moribond vivait toujours. Jeannette m'avait annoncé que son couac était terminé et réussi. Rien ne nous retenait plus au village de Panapi; nous décidâmes d'en partir sur-le-champ. D'ailleurs, nos gens, comme nous, en avaient assez de ces nuits remplies de tristesse, où du crépuscule à l'aube, nos oreilles étaient déchirées par les chants gémissants des femmes du village qui venaient prêter l'assistance de leurs voix à la jeune et sanglotante Mikalou.

Nos bateaux chargés et prêts à prendre le fleuve, j'allai serrer le bras de Calamou et lui donner quelques encouragements. Il demanda qu'on lui laissât du tafia. Nous lui donnâmes un litre de rhum.

Je dois dire dès maintenant que, grâce à sa jeunesse et à sa robuste nature, Calamou triompha de la mauvaise passe où l'avaient acculé et la maladie et les bizarres interventions du piaye.

J'éprouvai dans la suite une véritable joie, un réel soulagement quand, revenant des Tumuc-Humac et repassant par Panapi, je vis de mes yeux mon bon ami Calamou vivant d'abord et de plus en bonne voie de guérison.

Je fus encore avant le départ visiter un autre malade... mais, celui-ci d'une catégorie toute différente.

Tachy, la sœur de Calamou, venait d'enfanter et selon la coutume, pratiquée cependant bien plus discrètement que jadis, Polé, son mari, s'était, dès les premières douleurs de la parturiente, alité dans son propre hamac et il y recevait les soins des commères voisines qui lui apportaient des tisanes et autres breuvages réconfortants.

Selon la règle séculaire établie chez les Roucouyennes, Polé devait demeurer malade et au repos jusqu'à ce que le nombril du nouveau-né se fût desséché et détaché de lui-même...

Il me reçut avec les airs dolents d'un convalescent qui vient de subir une opération douloureuse et malgré mon sourire railleur et ironique, ne se départit pas un seul instant de son rôle de « récente accouchée ».

Pendant ce temps, Tachy — elle — les jambes pendantes hors de son hamac, nettoyait et allaitait le nouveau-né.

Cette coutume ridicule du mari geignant, alors que la femme, réléguée sous un mauvais carbet à la lisière du bois, souffre en silence, était autrefois suivie avec une ponctualité qui frisait la barbarie : la mère n'avait le droit ni de se plaindre, ni de réclamer le moindre soin; le père seul était l'objet avant, pendant et après la naissance, des attentions de tous, même de sa malheureuse conjointe qui, après avoir présenté son fruit et offert à son mari une calebasse pour qu'il pût se faire à lui-même et à l'enfant les ablutions prescrites, reprenait avec résignation, malgré sa fatigue extraordinaire, ses occupations et son service habituels.

Aujourd'hui, on apporte à ce... jeu plus de réserve et quelques formes : le père du nourrisson accapare un peu moins l'intérêt général. Il se contente de se reposer, sans pousser la comédie aussi loin qu'autrefois et la mère n'est plus livrée à elle seule et laissée sans secours en ces moments difficiles. Les parentes et amies se font une obligation de lui apporter leur aide en la circonstance...

. . . .

...Ces devoirs accomplis, nous quittâmes enfin Panapi. C'était un mercredi. Il était huit heures du matin. En nous éloignant de ce lieu où nous avions connu des instants vraiment pénibles, nous admirâmes une dernière fois la situation de ce village dont l'abatis, rasé net et noirci par le feu, s'étageait, admirablement placé, au flanc de la colline appelé Pono.

Pono signifie « fouet » en indien. Yalou m'apprit que c'était de cette hauteur que dévalaient les danseurs de Pono, quand il y avait fête au village et que c'était la raison pour laquelle on désignait cette éminence sous le nom de Pono, de fouet...

L'explication est plausible.

CHAPITRE XIV

Ascension du Knopoïamoé. — Yalou s'enivre. — Les insectes
sont plus à redouter que les fauves. — La Guyane est une
vaste fourmilière.

... Tout étant paré de la veille, de fort bonne
heure nous quittâmes la roche sur laquelle nous avions,
au sortir de chez Panapi, établi notre premier campement de nuit, et laissant nos pirogues chargées de
provisions à la garde de Yapané, nous partîmes
tenter l'ascension du Piton Vidal : cette montagne au
sommet dénudé, se trouve à quelques lieues dans l'intérieur des bois, sur la rive hollandaise.

Yalou, l'Indien à face de Chinois, guidait notre
expédition.

Après plusieurs heures de marche en file indienne,
après avoir escaladé et franchi plusieurs collines élevées, nous parvenons enfin, malgré la fatigue, la chaleur accablante et les embroussaillements de toutes
sortes que nous ouvrons à coups de sabres d'abatis,
au pied de la montagne, objet de l'excursion.

Dans le courant d'une crique, qui nous parut fraîche
et limpide, nous puisons un plein seau d'eau. On
enclava ce seau dans un « cathouri », sorte de hotte que
les Indiens fabriquent séance tenante avec des feuilles
de palmiers entrelacées, et ce fardeau fut confié aux
épaules du jeune Atalia.

Le cathouri est nanti de deux bretelles dans lesquelles on peut passer les bras, mais les Peaux-Rouges en supportent surtout le poids au moyen d'une lanière en écorce de mahot qui prend son point d'appui sur le front : aussitôt qu'Atelia, ainsi harnaché, se fut déclaré prêt à marcher, l'ascension commença.

A midi, nous étions sur le sommet du pic, du Knopoïamoé, « bouton joli », comme l'appellent en leur langue imagée les Roucouyennes.

Ce fut une véritable joie, un enchantement et un repos pour nos yeux de pouvoir enfin, sans entraves, embrasser et contempler de vastes espaces libres. Nos regards planaient au-dessus de l'effrayante masse de verdures qui, pour l'homme voyageant à terre dans les conditions ordinaires, borne, limite et voile de toutes parts l'horizon, de son épaisseur impénétrable. Nous prîmes, le soleil de midi ne nous contrariant point, des photographies multiples du merveilleux panorama qui s'offrait à nos regards. Yalou et Aponchy nous dénommèrent les nombreux pics et monts qui, de tous les points cardinaux, émergeaient et semblaient trouer comme autant de têtes géantes l'immense et fabuleux tapis de verdure que nous voyions se déroulant à nos pieds à l'infini, à perte de vue : tapis vert, toujours vert, inexorablement vert, avec çà et là pourtant des coupures, des sillons, des lignes luisantes, des espèces de lames d'acier à reflets étincelants qui ne sont autre chose que des criques, des rivières, des fleuves qui brillent au soleil...

.   .   .   .

L'homme ne vit pas seulement d'idéal : mon estomac, talonné par la faim, me rappela que même un médiocre déjeuner serait le bienvenu. Cette sensation et la question qui s'ensuivit : « Quelles provisions as-tu apportées, qu'allons-nous avoir pour déjeuner, ami Aponchy? » donna lieu à un épisode qui démontre bien l'incurie, l'imprévoyance, la foncière insuffisance, en certains cas, de la race noire (1).

Aponchy ne se hâtait point de répondre et pour cause. Il avait totalement oublié que tous, lui comme nous, nous avions la mauvaise habitude de manger deux fois par jour, et même trois si l'on tient compte du québé-quior (tiens bon ton cœur), ce tue-ver, ce casse-croûte matinal dont pour rien au monde ne se départiraient les créoles...

Je procédai à l'inventaire de ce que nous pouvions posséder à nous tous. J'avais dans ma musette un morceau de biscuit de mer, deux bacôves (bananes douces) et une boîte de dix sardines. Jeannette avait également apporté sa boîte de sardines : les autres n'avaient rien. Récapitulation faite, c'était bien tout : un biscuit de mer, deux bananes, deux demi-conserves de sardines... et cela pour huit hommes affamés.

Je tançai Aponchy vertement :

— Comment, le docteur Saillard sort d'être malade, je suis moi-même à peine bien portant, nous te faisons l'honneur de nous reposer sur toi pour l'organisation de l'excursion de ce jour... Nous avons peiné pour parvenir jusqu'à ce pic, nous sommes fatigués, nous avons faim et, pour tout réconfort, tu n'as que ton sac vide à nous offrir... Es-tu mécontent que nous soyons venus?... Peut-être t'avons-nous dérangé dans des projets de chasse aux koatas? ou au coq de roches? cet oiseau si rare dont la crête et le plumage rouge et orange hantent tes rêves et dont tu te plaignais de ne plus rencontrer l'espèce merveilleuse

(1) Ce n'est là qu'une critique d'ordre général, et personnellement moins qu'à tout autre applicable à Aponchy dont j'apprécie sans réserve le courage, le dévouement et l'intelligence.

depuis plusieurs années? As-tu voulu, en nous contraignant à la disette, nous enlever le désir de t'accompagner dans de semblables promenades à l'avenir? En tout cas, comme je ne tiens nullement à jeûner, je retourne, pour ma part, de suite au campement.

... Je me mis en route incontinent, à l'extrême confusion d'Aponchy : Jeannette et Atalia m'accompagnèrent.

La vacuité de nos estomacs et le mécontentement aidant, nous mîmes à peine deux heures pour regagner nos pirogues.

Tangléra avait tué la veille une biche, nous en tirâmes quelques côtelettes et je bus, avec une véritable satisfaction, une mauvaise « piquette » fabriquée avec des pelures d'ananas mises à fermenter dans de l'eau. Cette boisson, toute fadasse qu'elle était, nous aidait quand même mieux que de l'eau, à supporter le manque de vin (1).

Le reste de la caravane nous rejoignit vers le soir. Aponchy avait la tête basse : mes reproches lui pesaient lourdement sur le cœur.

Après un rapide repas en commun, chacun s'empressa de s'installer dans son hamac, pour y oublier les fatigues et les déceptions de la journée.

... La nuit s'annonçait mauvaise : ce ne fut que tempête de pluie et tempête de vent jusqu'au matin.

Sous peine de voir nos hamacs transformés en baignoires, nous dûmes, déjà trempés par un premier « grain », les accrocher à la charpente d'un mauvais carbet rempli de vermines et hanté de vampires, qui se trouvait à proximité.

(1) Nous avions épuisé notre provision de vin dès les premiers jours de notre arrêt au village de Panapi.

Aux plaintes géantes de la rafale qui secouait les gros arbres comme de simples arbustes, se mêlait la voix avinée — alcoolisée serait plus exact — du malandrin Yalou qui s'était enivré dès l'arrivée avec du tafia prélevé en notre absence, sur nos dames-jeannes, par l'austère Yapané préposé à leur garde.

En entendant l'habituellement frigide Yapané accueillir d'un rire épais les facéties et les bribes de chansons indiennes que Yalou, avec l'accent traînard et hoquetant des ivrognes, clamait sans relâche ni répit, je compris que l'intégrité d'un Peau-Rouge — ce Peau-Rouge fût-il exemplaire — s'arrête et cesse au bord d'une cruche de tafia...

Kouni, la conjointe de Yalou, qui, dans la journée était demeurée au campement en compagnie de Yapané, était, elle aussi, en état d'ébriété avancée et donnait la réplique à son digne époux.

A un moment, j'osai espérer que la pluie allait refroidir et éteindre leur excitation bruyante. Malheureusement, ils allumèrent un grand feu, y séchèrent leur épiderme et recommencèrent le tapage. Je dus intervenir lorsque je vis Yalou, dont la silhouette se détachait titubante devant la flamme, gesticuler comme un dément en agitant follement un fusil que je lui avais confié le matin au départ pour tuer le gibier qui eût pu se présenter pendant la route.

Je réussis à lui arracher l'arme, mais ce ne fut pas sans peine. Le forcené déraisonnait et il voulait absolument et de suite, sans perdre un moment, aller fusiller un jaguar qui rôdait en quête de pâture dans notre voisinage.

Avec l'obstination de l'ivresse, il prétendait que les trois aboiements rauques, que les trois coups de gueule successifs et rapprochés que le fauve en chasse émet à intervalles assez réguliers pour effrayer et dégîter le gibier qui deviendra sa proie, étaient autant d'insultes à son adresse, à lui, Yalou : « Le carnassier, soutenait-il, jaloux de son talent de chanteur, employait ce procédé pour dénigrer sa voix et critiquer ses improvisations... »

Le tigre, il y en a de plusieurs variétés, depuis le petit chat-tigre jusqu'au jaguar, en passant par l'ocelot et le couguar ou tigre rouge encore appelé puma, n'attaque jamais le premier, assure-t-on, l'homme debout, éveillé. On peut donc à la rigueur vivre en termes supportables avec un tigre ayant élu son repaire dans le voisinage d'une case... à condition toutefois d'avoir la prudence d'entretenir toute la nuit un feu ou un fanal allumé : car le carnassier, s'il vous trouvait endormi et dans l'obscurité, ne se ferait point scrupule de vous découdre l'épiderme à coups de crocs. C'est ce qui advint à un mineur de l'Approuague.

Ce malheureux faisait partie d'une équipe de prospecteurs d'or. Ses compagnons venaient de s'enfoncer sous bois pour une dizaine de jours et l'avaient laissé lui, seul à la garde du gros de leurs provisions. Quand ils revinrent rallier leur petit magasin pour s'y ravitailler, ils constatèrent que le hamac de l'infortuné gardien était souillé de sang coagulé : l'homme avait disparu. Il avait été emporté par morceaux dans la forêt par un fauve, par un jaguar dont les griffes avaient laissé sur le sol, autour du carbet où s'était déroulé le drame, des empreintes, des traces très apparentes.

Le fanal dont l'huile n'était pas encore entièrement consumée, s'était éteint accidentellement pendant la nuit et le félin avait profité des ténèbres pour surprendre et égorger traîtreusement le dormeur. Les faits semblables sont rares et exceptionnels.

La lutte contre les gros fauves se termine généralement à l'avantage de l'homme. Un carnassier comme le jaguar, par exemple, exécute-t-il vos chiens les uns après les autres, ravit-il les volailles de votre habitation, il suffit d'une balle bien adressée pour mettre un terme à ses rapines et vous en débarrasser.

Mais que peut-on contre l'invasion des milliards de fourmis qui viennent ronger vos cultures, piller vos plantations?... Rien, absolument rien.

J'ai assisté, un soir, à un passage, à un exode de fourmis dites « manioc », qui quittaient une région évidemment mise à sac pour aller se fixer dans une autre à saccager de même. Il y en avait des milliers et des milliers qui s'avançaient en colonnes serrées et ordonnées, sur une longueur de cent mètres pour le moins. Elles firent route par le village que nous habitions ce jour-là et par la case même où nous avions fixé nos hamacs. Leur marche était irrésistible : ni le fer, ni le feu, ni l'eau bouillante, ni le schiste enflammé ne purent en avoir raison... Rien ne les arrête, rien ne les fait dévier. Le seul parti à prendre est de leur laisser le champ libre pendant les quelques heures que dure leur migration.

... La Guyane entière n'est qu'une vaste et immense fourmilière. Innombrables sont les diverses espèces de fourmis qui s'agitent en son sol. Il y en a d'imperceptibles, il y en a de grosses comme des abeilles. Il y en a de rouges et d'autres qui sont noires. Il y en a de pacifiques, il y en a de belligérantes dont les mandibules mordent et tenaillent avec une violence et une ténacité inconcevables de la part d'êtres aussi peu volumineux.

Certains Indiens émerillons mettent à profit cette particularité : avant de se lancer dans les grandes chasses, ils s'appliquent aux tempes et au-dessus des sourcils, une rangée de ces insectes dont la piqûre, prétendent-ils, accentue leur acuité visuelle et augmente leurs facultés de chasseurs.

Quelques fourmis sont venimeuses : les flamandes, par exemple, déterminent une assez forte fièvre.

... La fourmi est la vraie dominatrice des régions tropicales. Tout cède, tout s'écroule, tout finit par s'anéantir sous ses procédés de destruction : la flore rongée disparaît, les arbres géants, troués jusqu'au cœur, s'abattent impuissants, les terrains sapés et minés, s'affaissent bouleversés; et en cas de rencontre avec la fourmi, les animaux de toutes sortes et de toutes tailles, les hommes de toutes races et de toutes couleurs sont obligés de céder le pas et de déserter le combat.

Le conflit avec les « excessivement petits » est désastreux, la lutte contre eux inégale, impossible en ces contrées équatoriales où l'homme est assailli encore par les moustiques, maringouins, chiques, poux d'agoutis, tiques des bois, qui s'accrochent à la peau, s'y soudent, s'y gonflent de sang, et cent autres insectes dont l'énumération serait trop longue. Contre ces ennemis insaisissables souvent presque invisibles, la vaillance n'a que faire et devant leurs attaques perpétuellement et incessamment répétées, j'ai vu s'user les volontés les mieux trempées et se fondre les énergies les plus solides...

CHAPITRE XV

Un danger, selon moi, bien autrement redoutable que la férocité de tous les fauves réunis et avec lequel je n'ai jamais pu me familiariser, c'est la chute des grands arbres de la forêt.

Presque toutes les nuits, on entend, comme un coup de tonnerre prolongé, comme une décharge d'artillerie qui déchire tout à coup le silence relatif des bois, se répercute et s'amplifie d'abord, avant de s'assoupir à travers les espaces parcourus... : c'est un arbre qui tombe, c'est un arbre qui s'abat miné par sa base. Et, comme presque toujours, c'est un géant qui fléchit sous la pesanteur de sa propre masse, il fracasse, écrase, émiette et entraîne dans son effondrement une quantité d'autres arbres qu'en tombant il touche et brise de son faix.

Malheur au carbet et surtout malheur à l'homme qui se trouve dans l'axe d'une telle chute... Le frêle logis est pulvérisé et, du même coup, son habitant broyé. Mieux vaut d'ailleurs pour celui-ci qu'il soit tué sur-le-champ que mutilé comme j'ai vu l'être deux jeunes gens, deux jeunes époux nègres, Ovide et Palmyre, qui, la seconde nuit de leur union, furent à demi massacrés sur la rive de la crique Sparouine par la chute d'un wacapou de forte taille. L'un et l'autre eurent les jambes rompues, déchiquetées, aplaties, presque complètement détachées des cuisses, sans compter toutes les blessures et meurtrissures du reste du corps.

Jamais, je le répète, je n'ai pu me familiariser, m'habituer à ce péril plus fréquent encore sur les bords des fleuves où nous établissions nos campements pour dormir, que dans l'intérieur même des bois.

Les berges des rivières sont en effet ravinées par le régime inconstant et capricieux des eaux.

Après une période de sécheresse qui désagrège le sol végétal, survient une crue qui, en très peu de temps, peut élever le niveau des criques de sept, huit, neuf mètres, et le courant détache de la rive et emporte alors dans son impétuosité de véritables monceaux de terre : Bientôt un arbre, faiblissant par la base, s'incline, — toujours du côté de la rivière, — finalement il tombe, et quand il est tombé, l'arbre voisin dont la racine cesse d'être calée par le précédent est bien près de le suivre et de tomber à son tour.

. Ce sont d'ailleurs ces arrachements d'arbres et ces disparitions des parois des berges qui expliquent l'élargissement rapide et imprévu de certaines passes des rivières de Guyane et aussi la formation de maints îlots qui en quelques mois apparaissent comme des nouveau-nés dans le lit des criques :

... La terre et le gravier arrachés à la rive se sont rencontrés et accumulés autour d'une tête de roc ou d'un gros tronc d'arbre arrêté au milieu du courant; une végétation presque immédiate et intensive y a pris naissance et toutes ces racines végétales nouvelles, vivantes et vivaces, ont réuni, agglutiné, cousu en quelque sorte ensemble ces parcelles de sol juxtaposées sans cohésion; elles les ont unifiées en une masse consistante, elles ont enfin rendu solide et définitive une agglomération de hasard...

... Donc, je craignais plus que tout le reste la chute possible des arbres. Le soir, à l'arrivée au gîte d'étape, avant de désigner l'emplacement où je dormirais, j'inspectais les arbres d'alentour et ne laissais amarrer mon hamac que lorsque je m'étais assuré par moi-même qu'aucun d'eux ne se penchait de manière inquiétante dans ma direction. Plusieurs fois j'en fis abattre dont l'inclinaison me paraissait peu rassurante, passant outre à l'avis de nos nègres qui toujours d'ailleurs, avec l'insouciance invétérée de leur race, m'affirmaient qu'aucun danger n'était à craindre pour l'instant.

Dans ce cas, Indiens et Cayennais s'attelaient à la besogne supplémentaire sans trop de mauvais gré, car ces gens aiment avec passion à planter le tranchant de leur fer dans le corps des troncs séculaires. A les voir s'acharnant à ce labeur de destruction, on dirait qu'ils y goûtent la joie d'une revanche sur la forêt qui leur est parfois aussi marâtre que la mer aux marins. Ils frappent sans relâche, ils frappent en scandant chaque coup d'un chant bref et guttural qui vient en aide à l'effort des muscles : « Bâille papa, bâille maman, bâille « tite sœu », etc... (tape pour papa, tape pour maman, tape pour petite sœur, etc...); ils frappent avec la joie de sauvages accomplissant une véritable œuvre de vengeance.

Aucun bûcheron de France ne pourrait rivaliser avec eux, nègres guyanais, antillais, ou Peaux-Rouges, pour la célérité avec laquelle ils exécutent les

souches les plus volumineuses, ni pour la précision et
la sûreté mathémathiques avec lesquelles ils savent
coucher à bas le géant choisi pour victime, dans la
direction déterminée, voulue. L'Indien, qui jamais,
sous aucun prétexte, ne porterait dans ses mains ou
sur ses bras même le plus léger fardeau, ne croit pas
déroger dans ces travaux de force qui exigent le viril
maniement de la hache... : c'est dans son idée une sorte
de combat qu'il livre à la nature, combat qu'il considère comme ennoblissant.

. . . .

... Mais revenons à Yalou et au moment où, non
sans difficulté, je pus rentrer en possession du fusil
qu'il agitait tout chargé, avec la déplorable inconscience
d'un homme ivre.

A ce propos, j'ai constaté de mes yeux et expéri-
menté par moi-même dans plusieurs circonstances,
que c'est une inconséquence souvent regrettable que
de laisser, jour et nuit, sans aucun contrôle, des armes
à feu entre les mains de certains noirs, gens de mentalité mal établie et mal définie. Sous ces climats où la
maladie nous débilite et où la fièvre nous rend souvent incapables de nous suffire à nous-mêmes, nous
sommes, nous, les Européens (c'est le terme que dans
la Guyane on applique aux blancs, qu'ils viennent de
France ou de toute autre contrée du vieux continent)
obligés d'être en maintes occasions tributaires de nos
compagnons indigènes et d'accepter leur aide, leurs
bons soins, presque leur protection. Or, même dans
les moments où ils nous paraissent les plus dévoués et
les plus empressés, nous ne devrions point commettre
l'imprudence de laisser ces « à peine civilisés » armés,
après le travail et les chasses de la journée.

Il suffit en effet d'un rien, de fort peu de chose, d'un

« boujaron » supplémentaire de tafia, d'un léger grat-
tage de l'épiderme en un mot, pour voir réapparaître
le primitif dans toute sa primitivité, le sauvage dans
toute sa sauvagerie.

De ce que j'avance, j'avais, à notre résidence de
l'Ouaqui, fait par moi-même la très désagréable
expérience dans les jours qui précédèrent notre départ
pour l'Itany :

C'était un dimanche, jour de repos. Le lieutenant de
vaisseau Delteil, notre compagnon, très gravement
malade, avait été embarqué la veille sur une de nos
pirogues pour être dirigé sur l'hôpital de Saint-Laurent. Le docteur Caron, miné lui-même par des fièvres
incessantes, l'accompagnait dans la descente du Maroni, et Dutertre était allé avec eux jusqu'au poste de
douane de l'Inini, pour recruter à bon escient une équipe
de Boschs sérieuse et capable d'avoir pour nos malades les égards nécessaires pendant le reste du parcours.

Saillard et moi restions donc seuls au dépôt : Saillard, d'ailleurs, en proie à un accès de paludisme et
obligé au repos.

Nous avions parmi nos nègres un nommé Louisa,
un Cayennais, homme véritablement précieux dans
les bois, travailleur, industrieux, serviteur respectueux
à jeun, sachant se tirer de tous les mauvais pas et
contourner, comme pas un, tous les obstacles. Ce
« phénix » n'avait qu'un défaut, mais un défaut...
rédhibitoire. Lorsqu'il avait bu, sa raison chavirait
totalement, en lui renaissait la brute... et malheureusement il buvait quelquefois.

C'est ce qui advint ce dimanche-là.

Il venait de terminer son canot, taillé, creusé d'une
seule pièce dans un tronc d'arbre qu'on évase et élargit

finalement au moyen de la chaleur que dégage un foyer sous-jacent.

Enchanté, à juste titre d'ailleurs, de son travail, il était parti, muni de la pagaie cayennaise qui s'arrondit à l'extrémité battant l'eau, en forme de bassinoire, essayer dans les environs cette pirogue baptisée par lui : *la Créole.* Il s'était adjoint comme pagayeurs, Ogoula le bègue et Ladine, un jeune hercule noir de la Guadeloupe dont les lèvres larges et lippues, entr'ouvertes sur des dents d'une longueur et d'une blancheur exagérées laissaient à tout propos filtrer un rire, un gloussement plutôt, si ténu, si suraigu, si enfantin qu'on ne l'eût jamais supposé provenir de ce grand corps. Au cours de leur promenade, nos trois compagnons rencontrèrent des maraudeurs travaillant dans l'Ouaqui et pour arroser la première sortie de la pirogue, on but force tafia, on but plus que de coutume, plus que de raison : finalement, tous trois rappliquèrent complètement ivres.

Ladine et Ogoula se couchèrent.

Louisa, lui, commença le désordre : il injuria les uns et les autres, donna quelques coups de poing, en reçut en échange, finalement parla de tuer ses adversaires qui eurent toutes les peines du monde à le maîtriser.

Il ne faut jamais se mêler des querelles de nègres à nègres; quand je vis cependant que les choses n'en finissaient pas et menaçaient de tourner au tragique, je tâchai de mettre le « holà ». Il y eut un instant d'accalmie, mais bientôt le tapage reprit de plus belle.

Saillard, de son hamac, réclama en ce moment le silence. Louisa lui répondit par une grossièreté.

— Nous réglerons cette affaire-là demain, personnage malpoli, quand tu seras dégrisé, répliqua le docteur Saillard.

— Ce n'est pas demain, mais tout de suite qu'on va la régler, cette affaire-là, répartit l'insensé; j'ai pas peur des blancs, moi, et tu vas faire connaissance avec le tranchant de ma hache et les cartouches de mon fusil.

Et ce disant, il faisait tournoyer la hache d'une main et de l'autre brandissait son arme de chasse.

Il était près de minuit. Je m'étais chaussé sans bruit et les jambes pendantes hors du hamac, je me tenais, revolver en main, prêt à parer à toute éventualité, prêt à intervenir en cas d'urgence absolue, résolu à abattre le forcené comme suprême argumentation.

Et pourtant, je n'osai me résoudre à cette effroyable nécessité d'exécuter un être humain, sans essayer encore d'un dernier moyen d'apaisement, sans tenter d'une dernière chance de salut pour lui.

La menace, il n'y fallait point songer. Dans l'état d'excitation où il se trouvait, cela n'eût servi qu'à exaspérer davantage le misérable inconscient.

— Voyons, Louisa, lui dis-je, toi un homme intelligent, comment ne comprends-tu pas qu'il est tard, qu'il est minuit, que le docteur Saillard est malade, qu'il a besoin de repos et que tout le monde devrait, à pareille heure, dormir?

— Comment? minuit? fit l'ivrogne. Fais voir?

— Viens, lui dis-je, et à la lueur d'une allumette, je lui présentai ma montre...

La constatation de l'heure détourna le cours de ses idées homicides et silencieusement, tant bien que mal, il alla s'étendre dans son hamac où il ne tarda pas à s'assoupir.

... Le lendemain, il jura que tant qu'il serait dans les bois avec nous, il ne prendrait jamais rien de plus que sa ration de tafia. Il tint parole et ne nous donna point de réédition de l'exécrable scène que je viens de décrire.

. . . .

... Après la nuit d'humidité due à la pluie et d'insomnie due à l'ivresse de Yalou dont j'ai parlée plus haut, nous levâmes le camp de très bonne heure et nous nous mîmes en route pour le dernier village indien de l'Itany, pour Apoïké.

Nous dûmes l'aller chercher beaucoup plus loin que nous ne pensions.

Apoïké s'est, en effet, déplacé au moins trois fois depuis dix années. Un autre village, Ochi, qu'on nous avait signalé comme devant se trouver sur notre parcours, n'existe plus, lui. On distingue toujours son emplacement, la brousse n'ayant pas encore entièrement submergé son ancien abatis. Ochi a dû, selon nos remarques, être déserté il y a cinq ou six ans.

Nous rencontrâmes ensuite deux autres abatis également abandonnés, qui furent dans leur temps, Yalou et Yapané nous l'expliquèrent, d'anciens villages d'Apoïké. L'un de ces derniers abatis, situé en territoire hollandais, se trouve en face d'une montagne sur rive française, qu'on appelle la montagne des Koatas. Elle est bien dénommée, car à la cime d'arbres qui atteignent des proportions gigantesques, je vis évoluer plusieurs familles de ces intéressants singes noirs. Je les honorai de plusieurs coups de Winchester. Ils parurent étonnés de ces explosions insolites et continuèrent à gambader comme si de rien n'était, sans plus d'ailleurs se soucier de ma carabine...

Soit dit en passant, le koata est peut-être le plus intelligent de tous les singes, qui d'ailleurs le sont... ou le paraissent tous. C'est un giber que je n'ai jamais pris plaisir à tirer. Pour rien au monde je n'aurais adressé un coup de feu à une mère cheminant dans les branches avec son petit cramponné comme un enfant autour de son cou. J'ai vu des chasseurs, n'ayant pas cette sorte de sensibilité, essayer de tuer la mère pour capturer le jeune singe. Il m'a toujours semblé qu'ils accomplissaient un demi-crime, et la vue du petit macaque orphelin, qui restait enlacé au cadavre maternel, me troublait à l'égal d'un remords.

... Nous vîmes, dans cette partie supérieure de l'Itany, toute une population d'oiseaux qui se trouvent rarement plus bas : des espèces de hérons d'immense envergure que les noirs dénomment grands-blancs ou grands-gris, selon leur plumage, des ibis, des grands gosiers ou pélicans, plusieurs sortes d'aigles, des condors et des urubus de grande taille : tous d'ailleurs excessivement prudents et avisés, s'envolaient dès notre approche et se maintenaient pour la plupart hors de portée.

Fréquemment aussi un spectacle extrêmement gracieux s'offrait à notre vue : certains bancs de sable dont les contours émergeaient humides de la rivière, semblaient à distance de véritables parterres couverts de fleurettes. Et de ces fleurettes dont la nuance de crême variait du blanc laiteux au jaune pâle, il y avait des centaines et des centaines... Nous approchions : tout d'un coup, le tapis de fleurs s'animait, les corolles devenaient des ailes, et les ailes frémissantes des papillons qui, par bandes, se déracinaient du sol et décrivaient, légers et fous dans l'éclairage ardent du soleil, les courbes les plus fantaisistes et les orbes les plus imprévues... La vision de ces papillons-fleurs qui semblaient éclore sous nos yeux, était, bien que fugitive, d'une fraîcheur exquise et ravissante...

. . . .

NÈGRE BONI SE FAISANT TRESSER
LA CHEVELURE EN MÈCHES SÉPARÉES

EN UN POINT RESSERRÉ DU PARCOURS : LES
HOMMES ÉLARGISSANT LA VOIE POUR LE
PASSAGE DE LA PIROGUE.

Cependant la navigation devenait de plus en plus pénible et difficile. La rivière approchait de sa source, se rétrécissait et les arbres tombés au travers de son lit la barrait d'une rive à l'autre.

Aponchy, aidé de tout son monde, nègres et Indiens, se livrait alors à des travaux véritablement herculéens pour dégager et libérer le passage. A chaque instant, il fallait couper à grand renfort de coups de haches le tronc ou les branches de ces obstacles accumulés devant nos pas. Lorsque l'arbre était vraiment trop massif pour qu'on pût espérer le scinder en deux tronçons qu'on s'efforçait ensuite d'écarter l'un de l'autre jusqu'à passage de la pirogue, on prenait un autre parti, mais non moins rude, ni moins long que l'attaque directe. Nos gens, à coups de pioches, à coups de piques, à coups de pelles, à coups de sabres, élargissaient ou créaient, s'il n'existait point, entre la souche de l'arbre et la rive, un chenal suffisant pour y faufiler le canot.

Quand le barrage existait au ras de l'eau, mais sans en dépasser le niveau, on lançait l'embarcation à toute vitesse : emportée par l'élan, parfois elle triomphait d'un seul coup de l'obstacle qu'elle franchissait en craquant de la coque; mais souvent aussi elle restait à mi-route et pour ainsi dire à cheval sur la malencontreuse barrière. On se mettait alors en quête d'un arbre à l'écorce blanchâtre et onctueuse comme du savon, qui facilite le glissement et qu'on appelle bois-canot.

Aponchy en extirpait des lanières qu'il introduisait entre la quille et l'arbre gêneur puis, chacun s'attelant pour l'effort, les uns tirant de l'avant, les autres poussant à l'arrière, on arrivait enfin à faire avancer et à transporter de l'autre côté, la pirogue attardée.

Par deux fois nous dûmes nous résoudre à décharger

entièrement nos bateaux... et ensuite à les couler à fond, pour les faire flotter comme une épave, entre deux eaux, et passer ainsi sous des fûts d'arbre émergeant trop à la surface pour qu'on pût songer à procéder autrement

Avec de semblables manœuvres exécutées sous un soleil des plus ardents, qui exigeaient non seulement une excessive dépense de force et de volonté, mais du temps, beaucoup trop de temps, nous ne progressions que lentement, très lentement, lentement à désespérer...

... Enfin, un dimanche de la fin d'octobre, Yalou nous signala une crique sur la gauche :

— C'est là, dit-il en tendant le bras, que se trouve maintenant Apoïké, mon village... On y sera bientôt... et bien avant la nuit, ajouta-t-il en regardant au ciel où le soleil en était de sa course...

CHAPITRE XVI

... Il était temps que nous arrivions chez ces derniers Roucouyennes, car s'acharner à continuer plus longtemps la voie fluviale devenait de la folie. C'eût été d'ailleurs chose impossible. Les hommes avaient donné leur dernier effort, ils étaient à bout de vigueur, exténués; puis la rivière réellement s'offrait impraticable. Ce n'était plus à chaque pas qu'ammoncellements de troncs d'arbres, enchevêtrements de branchages, partout des encombrements infranchissables en pirogue.

... La crique où nous nous engageons sur les indications de Yalou, est réellement délicieuse. Elle est, pour le genre de voyageurs que nous sommes, ce qu'est l'oasis aux nomades du désert. Des branches d'arbres s'inclinent au-dessus du cours d'eau, y dessinent parfois des arceaux et nous procurent une sensation de fraîcheur inconnue sur l'Itany.

Il nous faut à peine une heure pour parvenir au dégrad d'Apoïké. Nous débarquons et prenons pied dans un terrain bas, inondé aux époques de crues : à cause de cela les arbres n'y sont ni serrés, ni denses, ni très touffus. On a l'impression de se trouver dans un parc de France qui serait mal entretenu.

Avant de nous installer en cet endroit sur lequel nous jettons de suite notre dévolu, nous nous empressons, sous la conduite de Yalou, d'aller chercher le droit à l'hospitalité près du chef du village. Les habitations où nous sommes accueillis par les aboiements brefs d'une bande de roquets chétifs et ras de poils, se trouve à cinq ou six cents mètres du débarcadère. Le chef se nomme Couita. Il s'avance au-devant de nous. C'est un homme d'environ quarante ans qui tousse à tout moment et peut à peine respirer. Il est asthmatique. Les piayes, c'est Yalou qui nous l'explique, ne peuvent rien à sa maladie qui a dû lui être transmise sur le chemin des airs par un sorcier résidant trop loin pour qu'on pût s'interposer efficacement et détourner les maléfices.

... Les Indiens admettent très volontiers qu'à travers l'espace, un piaye, même inconnu de sa victime, puisse susciter une maladie, un empoisonnement, un malheur quelconque. Il suffit, s'il est doué d'une grande puissance professionnelle, qu'il souffle dans le vent une dose de poison et ordonne à ce vent d'aller pénétrer dans les voies respiratoires d'un ennemi, pour que ce dernier soit, suivant la dose du toxique, ou malade, ou tué sur-le-champ.

Ce même piaye déléguera, aussi facilement, comme émissaire d'une vengeance à accomplir, soit un caïman qui vous débite en plusieurs tronçons, soit un serpent qui vous étouffe ou vous injecte son venin mortel, soit un fauve qui vous dévore.

Les nègres créoles qui m'accompagnent croient eux-mêmes, presque autant que les Indiens, à la puissance, au pouvoir des piayes. Et peut-être en cela n'ont-ils pas tout à fait tort?

Ces sorciers, en effet, qui depuis les temps les plus

illimités ont attentivement et patiemment scruté les forces de la nature et les instincts, coutumes et fantaisies des animaux, se sont fidèlement transmis de l'un à l'autre, à travers la chaîne ininterrompue des siècles, des secrets millénaires qu'ignore et ignorera toujours le vulgaire troupeau des profanes.

Par des procédés physiques et purement naturels dont ils gardent jalousement, pour leur secte seule, le mystère inviolé, ils peuvent parvenir à provoquer des faits, des incidents tels qu'intervention spontanée de bêtes nuisibles, empoisonnements, maladies ou morts subites qui, aux yeux des non-initiés, tiennent du prodige. Ils ont soin d'ailleurs pour déconcerter la sagacité des spectateurs et dérouter leur pénétration, d'accompagner ces opérations nullement surnaturelles, de pratiques et mimiques cabalistiques destinées à satisfaire la crédulité de la race aveuglement superstitieuse dont ils sont les maîtres... et les guides...

Mais je ferme cette parenthèse — que je complèterai dans un prochain chapitre consacré aux superstitions créoles — pour revenir au chef d'Apoïké.

... Donc, Couita est asthmatique, ce qui ne l'empêche nullement de prendre copieusement sa part d'une pleine calebasse de cachiri que sa femme vient nous offrir.

Le village que commande Couita est d'apparence misérable; ses habitants ont l'aspect à la fois souffreteux et sordide. Ils ont l'air timide et sont dépourvus de cette aisance remarquée jusqu'ici chez leurs congénères. Comparés avec les Indiens déjà vus, ils font l'effet, ces malheureux habitants d'un coin perdu, ces pauvres hères, de paysans rustauds et lourds.

Couita me fait visiter les quelques cases qui composent son domaine. Je le félicite sur la quantité et la diversité des volatils apprivoisés qui circulent un peu partout en liberté : aras étincelants, perdrix, hoccos, perroquets et agamis. Ces derniers se domestiquent avec la plus grande facilité, et, au bout de très peu de temps, ils mettent même leur point d'honneur à inculquer de la discipline au reste de la basse-cour. Les noirs n'ignorent point cette aptitude policière et il n'est point de magasin dans les bois qui n'ait son agami, haut sur pattes, le « gendarme du poulailler » comme l'appellent les créoles... Et la désignation est juste, car de lui-même, spontanément, l'agami s'érige en surveillant; il conduit aux champs ou au bois les poules et les poulets et le soir ne manque point de ramener leur troupe au poulailler... sur le toit duquel il s'installe, continuant jusque dans la nuit son rôle de protecteur instinctif et scrupuleux.

Nous passons devant une fosse entourée de pieux : Je regarde. C'est un dépôt de tortues de toutes grosseurs, que l'on entretient précieusement comme réserve de conservation facile, pour les jours de disette où manquent le gibier et le poisson. La chair des tortues est d'ailleurs délicate et très prisée des Guyanais. C'est un met qui fait prime en ces contrées.

... Nous pénétrons ensuite dans une case où deux hamacs sont suspendus, chacun à l'une des extrémités du logis qui est assez spacieux.

Au milieu du carbet, un brasier fumant émet une forte et indisposante chaleur...

— De quelles affections souffrent-ils? De quoi sont-ils malades? demandai-je en désignant les deux individus couchés dans les hamacs.

— Ce sont des gens qui se marient; l'homme s'appelle Palakélé, la femme a nom Lia...

Très étonné, très intrigué, je fais demander des éclaircissements sur cette singulière façon de convoler et d'organiser une noce.

— Ils ont enduré, continua Couita, l'épreuve de la Maraké il y a trois jours. On leur a appliqué le « manaré » garni de fourmis très vivaces et entremêlées de quelques guêpes, des pieds à la tête : ils sont donc nécessairement malades et le seront encore... Couita nous montra sept de ses doigts... ce qui voulait dire sept jours.

— A cette date ils se lèveront, nous les conduirons à la crique prendre un grand bain, nous les oindrons de rocou et ils pourront alors cesser la diète à laquelle ils sont astreints actuellement et... rapprocher leurs hamacs autant qu'il leur plaira.

— C'est bien des cérémonies et des difficultés pour peu de chose, opina Martin le mulâtre, qui écoutait la traduction d'Aponchy. Nous, on se marie à Saint-Laurent ou à Albina plus vite et sans tant de façons.

— C'est heureux pour toi, bon apôtre, lui dis-je, car si tu marches sur les traces de ton père qui prit femme et procréa dans tous les villages bonis où il passait, et qu'il te fallût subir le contact des fourmis à chaque mariage, ton corps ne serait plus bientôt que cicatrices et piquetures fâcheuses pour ton esthétique!

Le père de Martin, mort il y a une dizaine d'années, s'appelait le capitaine Joseph. Venu du Brésil à l'époque de l'abolition de l'esclavage pour prêcher aux riverains marrons du Maroni une soumission qui les rendait bénéficiaires des avantages de l'émancipation, il s'implanta dans la région parcourue, vécut de la vie des Boschs et s'en accomoda si bien qu'il eut, à la mode du pays, de nombreuses femmes et laissa à Martin une quantité de frères et de sœurs éparpillés dans tous les villages du Maroni.

Le père Joseph, on le nommait ainsi dans ses dernières années, mourut respecté de tous et sa mémoire continue d'être vénérée par ces populations naïves qui lui surent gré d'avoir adopté leurs mœurs et leur genre de vie...

... Mais finissons-en avec les formalités du mariage chez les diverses tribus indiennes de la Guyane française; les Emerillons procèdent sensiblement comme les Roucouyennes.

Il en est différemment chez les Galibis qui ont quelque peu modifié l'épreuve et diminué sa rigueur : ce sont des Peaux-Rouges plus rapprochés de la civilisation. Ils habitent à proximité des villes d'Albina, de Saint-Laurent, de Mana, d'Iracoubo où ils envoient des poteries de formes gracieuses et artistiques.

Chez eux, les nouveaux époux sont enfermés dans un vaste hamac en tissu serré, dont on referme hermétiquement les bords sur eux... mais au préalable le piaye qui préside à l'union, y a introduit un boisseau de fourmis bien mandibulées.

Pendant un quart d'heure environ, les conjoints y sont livrés à la voracité de leurs minuscules bourreaux.

Pendant cette torture, les invités en chantant des épithalames mènent une ronde effrénée autour de la couche nuptiale.

Les mariés sont enfin délivrés. On entr'ouvre leur prison et de l'assaut subi en commun, de l'agression repoussée à deux, ils sortent alliés, unis, intimes comme s'ils s'étaient toujours connus, comme s'ils ne faisaient qu'un.

UN COIN DE LA FORÊT VIERGE

INDIENS GALIBIS

Il n'est point, affirment les vieux Galibis, de moyen plus efficace pour fondre la gêne, pour dissiper l'appréhension de la fiancée qui va devenir épouse, que cette gymnastique conjugale et défensive... dont je signale les avantages sans vouloir toutefois en préconiser l'exercice... ailleurs que chez les Peaux-Rouges...

. . . .

... Guidés par Yalou et Chaponi, un jeune homme d'Apoïké, le seul qui manifesta quelque élégance, (il portait autour des mollets ces jambières indiennes dont les franges effilées retombent gracieusement jusqu'au bas des jambes), nous fîmes de nombreuses excursions dans les parages d'alentour.

La contrée est parsemée de collines très boisées, implantées dans des marécages et des vasières hérissées de palmiers-pinots petits et nombreux, où je m'enlisais parfois jusqu'au-dessus du genoux.

Cheminer à travers ces bois et ces sites vierges de toute intrusion humaine, n'a rien d'une promenade sentimentale... On y avance grâce à une gymnastique de tous les membres et de tous les instants. Il faut sauter par-dessus les arbres allongés à terre, se courber, ramper presque, pour se glisser au travers des fouillis de lianes et de racines enchevêtrées; s'aider des bras arc-boutés aux troncs, aux montées, pour se hisser plus aisément... aux descentes, pour tempérer par contre l'excès de vitesse qui vous entraîne malgré vous...

Ajoutez à cela qu'il est nécessaire de manœuvrer continuellement son sabre d'abatis soit pour supprimer les entrelacements de broussailles qui gênent le passage, soit, souvent encore, pour improviser des ponts en abattant de jeunes arbres que l'on

couche par-dessus les ruisseaux qui se rencontrent
à chaque instant.

D'après ces quelques détails, on conçoit qu'un
exercice de ce genre constitue la plus efficace des
cures contre l'obésité, surtout dans un pays où déjà
par elle seule, la chaleur perpétuelle contribue à
la sudation et à l'amaigrissement, non moins que la
marche et le mouvement.

Au cours d'une de ces sorties, Yalou me fit voir
des tokaï. Ce sont des huttes, des niches tapissées
de feuilles de palmiers et affectant la hauteur et
la circonférence d'un énorme tronc d'arbre dont le
faîte serait abattu. Dans le haut, sont ménagées
quelques ouvertures pour le passage de la flèche.
L'Indien s'introduit dans cet édicule, s'y poste à
l'affût et l'arc à la main, la flèche prête, il appelle
à lui en imitant leur cri, les animaux dont il a décidé
de s'approvisionner... Ceux-ci, sans nulle défiance,
répondent des alentours à l'invite du chasseur; ils
s'approchent croyant joindre un des leurs et viennent,
victimes du stratagème, se faire immoler, se faire
flécher à quelques pas du tokaï... toujours édifié
d'ailleurs dans un endroit giboyeux.

Ces populations indiennes, dont la chasse et la
pêche sont les principales préoccupations, ont ima-
giné, pour s'assurer la subsistance quotidienne, des
appareils vraiment ingénieux. Pour capturer le gros
poisson, ils emploient la « trappe » et le « piège ».

Le piège consiste en une gaule flexible que l'on
enfonce solidement au bord de la rivière. Le bout
libre porte un hameçon au bout d'une cordelette.
Le soir on incline la gaule, on la plie jusqu'à ce que
l'appât fixé à l'hameçon vienne baigner dans l'eau.
Cette courbure forcée est maintenue grâce à un pieu

planté un peu en avant, et présentant sur le côté une encoche, sous laquelle est engagée la tige fléchie, qui se trouve ainsi empêchée de se redresser...

Les choses étant ainsi agencées, supposez qu'un aï-mara se jette voracement, selon sa méthode, sur l'appât : il imprime une secousse à toute la combinaison et du même coup la gaule se dégage de l'encoche; elle se redresse instantanément et le poisson se trouve à la fois harponné par l'hameçon et extirpé hors de son élément; le pêcheur n'a plus qu'à le cueillir, au matin, pendant au bout de sa ligne... automatique.

Les trappes, les « camina » (en langage indigène), sont des paniers de forme oblongue, ovoïde, assez semblables à nos nasses, où le poisson en mordant à l'appât, fait jouer un déclanchement qui redresse un couvercle obturant la sortie.

Les pièges pour gibier abondent dans ces contrées où l'homme est obligé de vivre des produits de la forêt.

En dehors des lacs et nœuds coulants les plus variés, les noirs qui m'accompagnent excellent à installer, avec un flair et une habileté remarquables, ce qu'ils appellent un fusil-trappe. Ont-ils relevé la trace d'un animal qui passe depuis plusieurs jours par un même sentier, voici ce qu'ils font. A l'endroit le plus resserré du parcours, sur deux fourches érigées à la hauteur du poitrail du quadrupède qui doit se présenter, ils couchent un fusil chargé, puis face au canon, ils créent un dispositif spécial : une cordelette tendue barre l'étroit chemin et est relié à la gâchette par une série de petits leviers, de telle façon que la victime qui vient à s'y heurter, s'improvise son propre meurtrier en actionnant la décharge, et tombe foudroyée à bout portant.

La « trappe-by », la « trappe assomoir », exige pour
son établissement des apprêts plus compliqués. Je vis,
près d'un camp de punition forestier, une installation de ce genre à laquelle étaient préposés deux
condamnés arabes. Les animaux, la nuit, descendent
en grand nombre de l'intérieur des bois et se dirigent
pour boire ou trouver pâture vers les criques, par
des sentes toutes frayées qu'ils finissent pas adopter.
Lorsqu'on a reconnu une de ces voies de déambu-
lation nocturne, on la mure de chaque côté, sur des
centaines de mètres de long, par une double rangée
de pieux qui, formant une haie infranchissable,
l'isole du reste de la forêt. Il arrive alors ceci : l'animal qui s'y engage, à moins de revenir en arrière,
de volter sur ses pas, ne trouvera plus ni à droite
ni à gauche, aucun orifice lui permettant de retourner
sous bois. Ou plutôt, si, il en rencontrera quelques-uns
mais très étroits, justes suffisants pour son passage, mé-
nagés à dessein et surtout machinés de toutes pièces :
Sur une longueur de huit à dix mètres, une poutre,
maintenue dressée en l'air par son avant que soulève
et soutient un solide madrier, surplombe en hauteur
cette issue latérale qui est également palissadée sur
quelques pas et dont l'entrée, sous un plancher fac-
tice, dissimule une trappe qui commande l'engin tout
entier. Dès qu'un gibier y met le pied, tout l'écha-
faudage s'écroule d'un seul coup, la pièce de bois,
la « bille » tombe comme une masse, assommant et
écrasant sans rémission possible, tout ce qui se trouve
exposé dans l'aire de sa chute.

La trappe-by qui peut fonctionner indéfiniment —
il suffit de replacer chaque jour la poutre sur son support — peut servir à alimenter toute une collectivité;
les pièces ainsi capturées doivent être consommées

de suite, car le broiement des chairs en empêche la conservation..., la décomposition, si hâtive dans ce climat où la chaleur et l'humidité l'activent tour à tour, intervient dans ces viandes contusionnées et écrasées, plus rapidement que dans la mort par armes à feu.

... La contrée regorge de gibier. La faune y montre d'étranges représentants. Nous fîmes des chasses merveilleuses et des rencontres originales... et sensationnelles.

Au bord d'une large crique, nous fusillâmes un jour, sans respect de la béatitude où l'avait plongé une laborieuse digestion, un boa qui résista longtemps à nos coups. Il était gros comme une forte cuisse dans sa partie médiane et mesurait environ six mètres de long.

— Il est quand même moins beau, moins fort et moins long, opina Tangléra, que la « couleuvre » que nous avons mise à mort, il y a quelque temps, dans la rivière Ouaqui.

Cette couleuvre — les nègres appellent couleuvre tout reptile non venimeux — était, lorsqu'on fit sa rencontre, endormie, et gisait allongée, partie dans la rivière, peu profonde en cet endroit, partie sur la pente doucement inclinée de la berge.

De loin, comme une portion de son corps très dilatée, émergeait de l'eau, on avait pris cela tout d'abord pour une carapace de tortue fluviale... Gêné par cette dilatation énorme qui lui donnait, sur une longueur d'au moins soixante centimètres, la dimension d'un véritable baril, le reptile ne pouvait ni plonger pour se soustraire à notre approche, ni nager avec assez de rapidité, ou ramper à terre avec assez de prestesse, pour fuir nos coups.

Après avoir reçu dans le corps deux décharges de chevrotines qui le tirèrent de sa torpeur et de son apparente indécision, il fit mine de venir sur notre pirogue et nous dûmes l'achever de près à coups de sabres et de hache. Je crois qu'au fond, le pauvre animal n'avait aucune intention agressive, mais que sa malencontreuse boursouflure faisait l'office de bouée et le maintenait malgré lui à la surface de l'eau. Ce fut bien involontairement et contre son gré, je pense, que ballotté et poussé par le courant, il fut contraint d'entrer en collision immédiate avec nous, ses meurtriers.

Intrigué par cette inexplicable enflûre, nos gens lui ouvrirent le corps sur-le-champ : la tumeur était constituée par une... biche, une biche entière, intacte de peau et de forme, mais dont les os et les chairs étaient cependant brisés, broyés, ramollis et réduits en une espèce de consistance gélatineuse, déterminée par les efforts de la déglutition et les sucs de la digestion. Nous laissâmes sur la rive serpent et biche : cette dernière ne fut pas abandonnée sans regrets par nos nègres qui tout d'abord la croyaient fraîchement ingérée et avaient espéré pouvoir s'en régaler. Ce fut une bande de flammants et d'urubus qui eurent cette satisfaction.

... A quelques jours de là, à la suite d'une longue course, je m'étais assis harrassé sur un tronc d'arbre et m'épongeais le front quand m'apparut, proche à la toucher de la main, la vision la plus horrifiante qu'on puisse imaginer. Deux yeux d'une intensité d'expression presque humaine, me regardaient et ce regard appartenait à un être d'épouvante, à une boule sans contexture assurée, à une outre de peau flasque, vert-de-grisée, immonde à donner des nausées,

C'était un crapaud-bœuf.

Je ne pus supporter l'antithèse affolante qui existait entre cette paire d'yeux doux et limpides et la chose ignoble et assombrissante sur laquelle étaient serties ces deux échappées de lumière, d'intelligence et de vie... et je m'enfuis pour me soustraire à la solution du problème angoissant qui m'étreignait devant cette créature d'ombre et d'énigme...

Le crapaud-bœuf... volumineux... est toujours une femelle qui généralement porte accroché aux plis de son dos, un satellite, un crapaud de même configuration, mais beaucoup plus petit.

Ce nain n'est pas l'enfant du géant, comme naïvement on le crut longtemps... mais un mâle qui, cavalièrement, a su s'imposer, si bien que la femelle le véhicule et l'entretient avec sollicitude et soumission.

Il serait donc suranné aujourd'hui de citer le crapaud-bœuf comme un exemple d'amour maternel. Tout au plus son image pourrait-elle servir d'emblème sur une bannière symbolique, si la préfecture de police en exigeait une, d'une certaine corporation... de dames... affligées, elles aussi, de... compagnons... non moins douteux que tyranniques?...

CHAPITRE XVII

Comment les piayes se servent comme auxiliaires, dans leurs
vengeances, des tigres et des serpents.

J'ai dit que Couita, le tamouchi d'Apoïké, était,
de même que tous les Indiens de son entourage,
persuadé que son mauvais état de santé était le
résultat d'une vengeance et avait pour cause une
piayerie dont il ignorait la provenance et l'auteur.

Dans ce même ordre d'idées, je vais raconter,
— sans commentaires — deux histoires, consistant
en menaces suivies d'exécution dont l'authenticité
assise sur des témoignages nombreux, ne saurait être
mise en doute : le lecteur en tirera la conclusion que
bon lui semblera. Je n'ai ni l'intention, ni la prétention de peser sur son appréciation... Y a-t-il eu
simplement coïncidence?... Y a-t-il eu au contraire
un enchaînement prémédité et voulu dans la succession des faits? Je laisse à chacun le soin de se faire
une opinion personnelle sur ce sujet... et je borne
exclusivement mon rôle à celui de narrateur.

Je ferai d'abord le récit de la mort tragique de
Pointu et conterai ensuite comment le piaye Pol,
dans l'Oyapock, fit dévorer un enfant par un tigre.

. . . .

... Pointu — l'aîné, — nègre cayennais, était un
prospecteur d'or — un prospecteur de race on peut
le dire — qui eut son heure de succès, en même temps

que les Vittalo, les Clément Tamba et autres, il y a trente à quarante ans. Grisé par la chance de quelques heureuses découvertes, il excéda vite, comme tous les primitifs, les bornes du bon sens et, de la saine mesure. Il devint difficile, capricieux, arrogant et despotique.

Vers 1876, il opérait des fouilles et faisait des recherches dans l'Approuague, en des parages habités par des Indiens Emerillons qu'il terrorisait par ses exigences brutales et pressurait à la façon d'un proconsul en pays conquis.

Il s'emparait des objets à sa convenance dont il fixait lui-même le prix, à son gré, sans souffrir d'objection... et faisait travailler ces Indiens, hommes et femmes, sans presque les rétribuer.

Il devait quitter l'Approuague — il était temps d'ailleurs, car lassés de ses exactions, les Emerillons malgré leur apparente docilité, commençaient à murmurer — et il faisait construire en vue du départ une pirogue dans un village que commandait un chef nommé Jarré.

Pointu, qui avait hâte de rallier Cayenne pour y jouir de sa récolte d'or, avait attelé trois Indiens à cette besogne; il les surveillait lui-même et stimulait leur activité au moyen d'invectives et d'injures... : de cette monnaie-la, le nègre Pointu n'était point parcimonieux.

Sur ces entrefaites, arriva Zéphy, un Indien chasseur, qui rapportait trois patiras tués dans la montagne voisine.

Jarré, toujours hospitalier, en abandonna un à Pointu et à son équipe.

— Ton patira sera pour mes hommes, dit Pointu. Moi, je veux cette poule.

— Impossible, dit Jarré. Tu as déjà mangé toutes les autres. Celle-ci est ma dernière et c'est une « couveuse ». Tu ne l'auras pas.

— Tu ne veux point me la céder?

— Non, ni contre « perles », ni contre menaces, affirma Jarré.

— C'est ton dernier mot?

— Oui.

— Soit... Je l'aurai quand même.

Et le nègre d'un coup de feu abattit le volatil.

— Maïpouri (porc noir, tapir), gémit Jarré. Et il frappa du pied et il dit, enfin révolté par cet excès de tyrannie :

— N'en laisse point perdre une parcelle, Pointu. Dévore-la jusqu'au moindre de ses os, car moi, Jarré, chef et piaye des Emerillons, je te le jure : c'est la dernière volaille que tu auras goûtée en ce monde.

Et il appela : — Huit hommes ici? Que huit hommes aient achevé ce canot avant qu'il soit deux heures... et j'exige, Pointu, homme malfaisant, que dans trois heures tu aies quitté ce lieu... Adieu, mauvais nègre, jamais plus — tu l'as voulu et les Dieux le veulent — jamais plus nous ne nous reverrons en ce monde... Jamais plus tu ne reviendras aux rives de l'Approuague... Les serpents t'attendent... Je les vois qui s'apprêtent... Ils sont là... Ils te guettent... Ils t'abatteront comme tu as abattu cette poule... J'ai dit : tu n'entendras plus le son de ma voix.

Après ces mots, Jarré se détourna et s'éloigna.

Superstitieux comme tous ceux de sa race, Pointu devint inquiet. Aussitôt la pirogue en état, il la mit à l'eau et s'en fut...

Il arriva, la nuit tombante, en une crique poissonneuse, voisine du saut Machicou, et s'empressa

de tendre lui-même des trappes pour aï-maras : c'est
en se livrant à ce travail qu'il fut piqué au pied par
un grage énorme.

Or, le prospecteur Pointu était par surcroît char-
meur de serpents; il savait les plantes qui éloignent
les reptiles et aussi les breuvages qui neutralisent
leur venin. Il fit ouvrir son pagara et immédiatement
le bouleversa de fond en comble pour s'emparer du
médicament qui préserve... Fatalité, la bouteille y
était, mais fendue, cassée, vide : le remède n'existait
plus.

Et Pointu enfla, vomit du sang et mourut...

Le piaye était vengé. Sa prédiction était accom-
plie, sa menace exécutée.

L'homme, l'assistant qui me raconta cet épisode
dramatique et qui depuis avait épousé la fille de
la victime, m'apprit, longuement et curieusement
interrogé par moi sur les circonstances qui avaient
précédé et accompagné le dénouement tragique,
que, au moment de partir, Pointu avait endossé,
pour pagayer, un vêtement de travail composé d'une
veste usagée et d'un kalimbé. Ces deux pièces d'habillement avaient été lavées et séchées par la propre
femme de l'Indien Jarré, entre la discussion et l'achè-
vement de la pirogue???

J'y ai maintes fois songé depuis, ajoutait mon
interviewé : ces habits, ces étoffes, quand on dépouilla
le mort, épandaient une forte odeur aromatique et
rien ne m'enlèvera de l'idée qu'ils étaient piayés,
préparés, imprégnés avec des plantes ou des muscs
qui attirent le serpent. Ce flacon brisé, ce contre-poison
supprimé, ce parfum... insolite que tous nous per-
çûmes..., tout cela, nul n'oserait le nier, achevait avec
conviction le mineur, tout cela dénotait à n'en point

douter, l'intervention fatale du Peau-Rouge, tout cela sentait la vengeance voulue de l'Indien...

. . . .

... Les piayes qui suscitent les serpents pour en faire les mandataires de leur ressentiment, savent également actionner les tigres pour le besoin de leurs causes.

Dans l'Oyapock, à Cachipour, habitait un métis brésilien, vif, énergique et résolu, comme les hommes d'une race ou une pinte de sang indien rajeunit et échauffe le vieux sang portugais. Il s'appelait Miguel Vidal.

A peu de distance, sur le territoire de Ouassa, célèbre par la multitude de crocrodiles qui vivent dans ses marécages, un piaye nommé Pôl, commandait une tribu d'Indiens Palikours.

A plusieurs reprises, Miguel et Pôl avaient eu maille à partir.

Emporté, mais plein de franchise et primesautier, le métis Miguel avait menacé le piaye de le corriger d'importance au premier méfait de sa part. Ce dernier avait dévoré l'affront sans rien dire, mais avec la dissimulation patiente de ceux de son origine, il attendait l'heure de se venger.

... Les choses en étaient là, quand une nuit, un de nos compatriotes de passage à Ouassa, entend sur la place du village, des cris de terreur et de lutte.

Il accourt.

Deux hommes, l'un portant un fanal, l'autre brandissant un sabre, en maintenait un troisième aplati contre le sol. L'homme à terre était le piaye, l'homme au sabre était Miguel qui s'apprêtait à couper le cou de l'Indien.

— Animal nuisible et lâche, vociférait le Brésilien,

meurs. Tu ne t'attaqueras plus désormais aux enfants :
la mort d'Antonio aura été ton dernier forfait.

Le Français s'interposa.

— Puisque vous l'exigez, consentit Miguel, je
laisse encore vivre cette vermine. Mais pour moi,
pour vous, pour tous, c'est un tort et un malheur :
il faut écraser les bêtes malfaisantes.

Et Miguel Vidal dit le motif de sa fureur meurtrière :

Dans la journée, il s'était absenté de sa case pour
s'approvisionner de feuilles de « vaï », destinées à
réparer et à renforcer son toit que traversaient les
fortes pluies.

Il rentrait sa récolte faite, et sa pirogue n'était plus
qu'à deux cents mètres de son logis à peine quand,
entre le bois et le perron de sa demeure où jouait un
bambin de cinq ans, il aperçut un tigre qui s'avançait
par bonds, s'arrêtant tous les dix mètres pour humer
et flairer le sol.

L'enfant, c'était Antonio son filleul et l'on sait
qu'en ce pays de catholicisme ardent, le filleul, pupille
spirituel, vaut, aux yeux du parrain, autant qu'un
fils véritable.

Sans chercher à s'expliquer l'allure étrange et
inusitée du félin, Miguel, avec la promptitude des
hommes de ce pays qui sont tout d'action, bondit hors
du canot et s'élança sans perdre une seconde, sans
même se munir d'une arme, à la défense de l'enfant...

Malgré toute sa diligence, il n'arriva pas à temps :
le fauve s'était rué sur Antonio.

Quand Miguel qui, tout en se précipitant, avait
saisi un énorme galet, eût fait lâcher prise à la bête
en lui martelant le mufle à coups répétés, l'enfant
respirait encore, mais il avait les reins brisés, le flanc
ouvert : il mourut presque sur-le-champ...

Cependant Miguel, près du petit cadavre entouré de lumières, tout en faisant la veillée du mort, ne cessait de se demander obstinément comment, en plein jour, un jaguar avait bien pu se risquer ainsi en terrain découvert, jusqu'à une habitation... et s'en approcher aussi ostensiblement... allant droit au but, sans détour, sans aucune des ruses et précautions habituelles?

Et il n'arrivait point à la solution de ce problème. Quelqu'un la lui apporta. C'était un vieux Peau-Rouge Palikour, auquel il avait rendu des services.

— Je suis inquiet, dit ce visiteur nocturne, et je viens savoir s'il n'y a pas un malheur sous ton toit?

— Et pourquoi ton inquiétude, dis vite? questionna Miguel avide de savoir.

— Par ce que la nuit passée, à l'instant qu'apparut la lune, Pôl, du fond de son hamac, s'est mis à chanter, et sa chanson, que tout le village entendit, disait ceci :

« Yoloch est Yoloch, les piayes sont puissants. Le tigre est en marche. Il va, il va. Et où va-t-il ainsi, gueule ouverte et griffes en avant? Chez Miguel Vidal. Prends garde, Miguel, prends garde. Quand on a des dettes, il faut les payer. La mort vient te voir : paie avec du sang. Yoloch est Yoloch, les piayes sont puissants. »

Miguel n'eut pas besoin d'en entendre davantage : il avait saisi son sabre et son fusil et, malgré la nuit, s'en était allé droit à la case du sorcier avec l'intention bien arrêtée de lui faire passer pour jamais le goût de la piayerie... et l'on peut être persuadé qu'avec un tel homme, un tel dénouement ne se fût pas fait attendre, sans l'intervention imprévue de l'étranger, du Français...

... Mais comment un animal aussi réfractaire peut-il être mû de la sorte par un piaye? et se conformer pour ainsi dire mécaniquement au programme que l'on veut qu'il exécute?

L'explication m'en fut donnée par un fils de sorcier indien, dont je tairai le pays et le nom, car la divulgation de pareils secrets entraîne, en son milieu, les représailles les plus terribles :

A l'époque où le tigre entre en ardeur, son flair, son odorat déjà très subtils acquièrent une acuité incomparable et il perçoit de très loin certaines odeurs, même très vagues...

Il en est une notamment dont il est avide, qui l'excite et le fait accourir des points les plus éloignés : c'est l'émanation que dégage le sang féminin.

Si l'on parsème un sentier de boulettes de coton imprégnées de ce sang spécial, on peut être assuré que si dans le canton il existe un tigre, si distant que soit ce tigre, il ne tardera pas, dès que la brise soufflant dans son sens lui apportera les aromes prélevés au passage, à accourir en toute hâte et à suivre, comme magnétisé, sans songer à s'en écarter... le tracé sanglant jusqu'au bout.

C'est, sans nul doute, à ce procédé qu'avait dû recourir Pôl, le piaye Palikour, pour s'assurer le concours du fauve qui dévora l'infortuné filleul du métis Miguel.

CHAPITRE XVIII

Les nègres Antillais et Guyanais ne le cèdent en
rien aux Peaux-Rouges pour la foi au merveilleux et
le penchant aux superstitions.

Leurs remèdes contre la maladie ou l'atteinte des
bêtes sont toujours doublés d'une « piayerie », d'un
secret, de formules et de gestes mystiques dont ils
considèrent l'adjonction comme indispensable à la
valeur du produit.

Mais c'est surtout contre les serpents, qui foisonnent en certains parages de la Guyane, que la fantaisie
des guérisseurs s'est donnée libre carrière.

Il n'est pas un « Pagara » de brousse qui ne renferme
en un coin la bouteille à base de tafia où macèrent des
plantes dont leur possesseur est seul à savoir les qualités : chacun se targue d'avoir le monopole du médicament infaillible. Le cas échéant, d'ailleurs le « Noir » (1),

(1) En Guyane comme aux Antilles, le Blanc doit supprimer
le mot « nègre » de son vocabulaire. Dans l'esprit des indigènes
« nègre » synonyme d' « esclave » est une désignation humiliante :
« noir » par contre est un terme fort bien admis.

n'hésite point à s'en servir avec la plus entière confiance — *intus et extra* — en breuvages et en lotions, soit pour lui, soit pour d'autres, mais sans jamais en dévoiler le secret; car du moment qu'un étranger en soupçonne ou devine la composition, la préparation cesse d'avoir de l'action : elle perd toute vertu, toute propriété, ne peut plus guérir.

Il y a dans toutes ces pratiques un mélange de vrai et de faux, de médecine et de jongleries :

Je me contenterai de citer, au fil du souvenir et à la fortune de la plume, quelques-uns des procédés préservatifs et curatifs employés contre les morsures des serpents, sans chercher à mettre de l'ordre ou de la logique dans un fouillis où il ne saurait y en avoir.

... Le serpent constitue l'un des fléaux dont l'homme a le plus à souffrir, à la Guyane et aux Antilles. Il faut excepter cependant la Guadeloupe qui, bien qu'à quelques heures seulement de la Martinique, ne connaît point de reptile dangereux sur son sol privilégié.

La race ophidienne martiniquaise est combative, dès lors plus à craindre que celle de la Guyane, qui n'attaque jamais la première sans y être incitée par un heurt, un contact direct... Mais si on le touche, si on le frôle par mégarde ou volontairement, immédiatement le serpent se met en défense, la tête dressée et en avant; puis, comme un trait au bout d'un ressort, cette tête se projette avec une partie du corps et implante dans les chairs de l'imprudent ou de l'agresseur deux crochets recourbés en forme d'hameçon et qui, à l'instar d'un harpon, retiennent l'objet qu'elles ont saisi et pénétré.

Ces crochets, très fins, sont aiguisés de la pointe comme une aiguille et percés dans toute leur longueur d'un canal microscopique qui secrète et injecte le

venin dans les tissus, à la façon d'une véritable se-
ringue hypodermique : ce venin provient d'une glande
qui se trouve comprimée et fonctionne instantanément
quand l'animal mord sa victime.

Les indigènes classent sommairement et pratique-
ment les reptiles en deux catégories, deux « qualités »
comme ils disent :

Les reptiles « à crochets », ce sont les venimeux, les
dangereux; et les reptiles « sans crochets » qui sont
inoffensifs en tant que venin, mais peuvent cependant
fort bien vous faire passer de vie à trépas par le broiement et l'écrasement des os, quand ils ont la force du
boa.

Ces derniers serpents, les « non venimeux », qu'ils
aient dix centimètres ou dix mètres de long, sont
indistinctement désignés par les créoles sous le nom
générique de « couleuvres ».

Les « grages », ainsi nommés parce que leur bouche
a la rudesse et la rugosité de l'instrument (le grage)
qui sert à éventrer, déchirer et pulper le manioc, sont
une variété de trigonocéphales, ayant de nombreux
représentants dans les forêts guyanaises.

On en distingue plusieurs sortes :

Le grage « raï-raï », encore appelé aï-aï, parce que
son venin, dit-on, est tellement actif que la victime
n'a que le temps de pousser ce cri : « aï-aï », puis de
mourir.

Le grage rouge, grand et long, est de couleur foncée,
presque noire, avec des reflets losangiques rougeâtres
qui lui donnent un superbe aspect.

Le grage « jacquot », ainsi nommé parce que d'une
extrémité à l'autre il est vert comme un perroquet.

Il y a encore le serpent chasseur, toujours en chasse
et à l'affût; le serpent « agouti », dont la robe à reflets

d'acajou ressemble comme coloration aux poils du lièvre d'Amérique, de l'agouti.

Le serpent-liane, long, grêle, flexible et qui, appendu aux branches des arbres, ne se distingue point de la verdure environnante.

Le « dos-de-couteau », dont l'épine dorsale troue la peau et forme une arête vive sur toute la longueur du dos.

Le serpent à sonnette ou serpent-grelot : les noirs prétendent qui si c'est un mâle et qu'il voit venir un homme, il l'avertira de sa présence en agitant les étuis cornés de sa queue, et si c'est une femelle, elle produira ce bruit sec et sourd de castagnettes pour prévenir les femmes et les mettre en garde contre sa présence.

Il y a encore enfin le magnifique serpent-corail, parsemé dans toute sa longueur de segments noirs, jaunes et rouge corail, qui marient avec une grande régularité les alternances et la richesse de leurs coloris éclatants et merveilleux. J'ai entendu soutenir, par des prospecteurs connaissant pourtant leur bois et ses habitants, que le « corail » n'est point dangereux, car il serait sans crochets... C'est une illusion, une erreur de leur part qu'il est nécessaire de dissiper entièrement : les crochets du corail sont minuscules, c'est vrai, très peu apparents, mais ils existent. Il n'y a qu'à examiner de près l'arrière-palais de l'animal pour s'en convaincre. Donc il serait périlleux de décerner un brevet d'innocuité au corail, car sous sa splendeur se distille et circule un poison des plus subtils.

. . . .

... Je fis connaissance avec mon premier ophidien, un grage de forte prestance, quelques jours après notre départ de Saint-Laurent, au début de l'expédition.

Il était midi, l'heure de déjeuner. Assis côte à côte avec le docteur Caron, sur l'étroite planche qui sert de banc aux canots boschs, nous commencions le partage du repas, arrêtés près de la rive, sous l'ombrage d'un énorme copahier, quand le pagayeur d'avant nous fit un signe impératif qui signifiait : « Ne bougez pas. » Et il nous montra une chose longue, noirâtre et lustrée, mi-enroulée autour d'une branche flexible et mi-pendante à un pied au-dessus de nos têtes : c'était un grage en train de digérer et qui heureusement était dans une sorte de somnolence.

Caron et moi nous nous baissâmes le plus possible, nous faisant immobiles, pendant que le boni Koudio, ayant épaulé son fusil à broche, faisait du reptile trois tronçons, et ces tronçons, restés suspendus, s'agitaient et nous aspergeaient de sang, pendant que la bouche mutilée en laquelle s'agitait la langue frêle, longue et sagittée, s'ouvrait et se fermait, menaçante jusqu'au bout.

Un nègre anglais de Sainte-Lucie, nous pria de lui abandonner cette tête. Il l'écrasa avec les feuilles de la « mimosa pudica », légumineuse appelée « baille-honte » par les créoles, dont les pétioles s'agitent, frémissent et se referment au moindre attouchement :

— Et maintenant, dit cet homme, je ne craindrai plus ni la dent des serpents, ni la griffe des tigres. La gueule des uns et les pattes des autres se refermeront de même que la plante que j'emploie, sans pouvoir s'ouvrir à mon approche, lorsque j'aurai imprégné mon corps de cette composition...

... Les combats entre reptiles ne sont pas rares.

J'assistai un jour à une lutte entre un serpent chasseur et un grage rouge. Ils s'étreignaient, entrelacés l'un à l'autre, avec une fureur telle qu'ils paraissaient en oublier notre présence et que nous pûmes les fusiller à bout portant, les unissant dans un trépas commun.

Les Bonis m'affirmèrent qu'après de tels conflits, le vainqueur s'éloigne et se met à la recherche d'une herbe qu'il mange en toute hâte, avec avidité, pour neutraliser le venin de ses propres blessures... puis, généreux dans la victoire, il revient auprès du vaincu et bave sur les plaies de son adversaire mis à mal, le suc mastiqué de ces mêmes plantes, le ranimant et le ressuscitant tout d'abord... quitte à lui infliger de nouvelles avaries par la suite.

On le voit, comme les loups de chez nous, les serpents de Guyane ne se mangent pas entre eux...

C'est justement en examinant les péripéties de tels combats et en suivant, sans en rien perdre, les faits et gestes des combattants, que les Indiens et quelques noirs auraient trouvé la plante que les reptiles emploient eux-mêmes comme panacée pour tous leurs venins.

Malheureusement, à aucun prix, ceux qui se prétendent détenteurs de ce secret ne veulent le divulguer, imbus qu'ils sont de cette croyance néfaste et ridicule, mais très ancrée dans leur cerveau, que la révélation en détruirait du même coup, la vertu curative et le charme.

Et, cependant, il est indubitable que certains créoles eurent en mains des remèdes efficaces : ce fut le cas, à n'en point douter, du prospecteur Olétard, qui eut son moment de vogue dans la colonie. Il pratiquait ce qu'il appelait des « vaccinations » préventives contre les venins, en opérant de la façon suivante :

A celui qui se présentait, homme, femme ou enfant, il disait au cours de la conversation et le plus négligemment du monde :

— Ah! allez donc prendre dans mon sac tel petit bagage (objet) dont je me fais besoin... et l'objet qu'il énonçait était quelque chose de bien innocent : une brosse, une boîte d'allummettes, une fiole de tafia, etc...

Sans défiance, on allait au fameux sac, on y plongeait la main, le bras parfois, car le sac était profond; mais, avec un cri de douleur et d'effroi, on en retirait bien vite le membre ensanglanté, piqué, mordu... par un grage qui s'y trouvait caché.

— Ne gémis point et n'aie pas peur, disait Olétard au blessé. Ce ne sera rien... mais bois immédiatement cette tisane... et sois heureux et content, ajoutait-il, car, à partir de ce jour, le poison du serpent le plus mauvais ne saurait avoir prise sur ton sang...

Et l'opéré, en effet, non seulement ne se ressentait point de la morsure du moment, mais il devenait réfractaire aux venins et immunisé contre leur action, pour un certain temps dans la suite.

Olétard est mort sans avoir donné son secret.

Un Cayennais, Monrose Farlou, que connut intimement un créole blanc nommé July, avec qui je fis une exploration de plusieurs mois dans la tête des montagnes d'Iracoubo et les sources de la crique Tigre, affluent du Sinnamary, n'avait aucune appréhension des reptiles. Un jour, il s'amusa toute une matinée avec un grage rouge... et ne se décida à le mettre à mort qu'après l'avoir lutiné de toutes les façons et retourné dans tous les sens, comme un chat fait d'une souris.

Ce Monrose était « lavé ». C'est l'expression consacrée, usitée ici pour désigner un homme qui s'enduit d'une infusion de plantes, lesquelles dégagent un parfum qui le met à l'abri des velléités d'attaques des serpents et autres animaux.

Il n'est point de chasseur nègre ou indien qui ne « lave » ses chiens pour les préserver contre l'atteinte des serpents ou des tigres... et qui n'ait lui-même des piayes, des secrets, des amulettes, sachets de plantes ou de poudres, pour attirer les différents gibiers ou les divers poissons.

Ces gens-là, qui peuvent être parfois quelque peu incrédules au début, finissent par se prendre eux-mêmes à leurs propres mômeries.

J'ai connu un noir de la Dominique et un autre de la Barbade qui étaient chasseurs sur un placer. Leur office était de fournir de chair fraîche les hommes employés à l'exploitation aurifère. Tous deux me firent un jour une confidence : l'un ne prenait plus de poissons comme aux beaux jours de son entrée en fonction, l'autre ne rencontrait plus de gibier. Et tous deux navrés m'affirmèrent : « C'est que nos piayes sont finis, usés, il devient nécessaire de les renouveler... » Or, pour les renouveler, il leur fallait retourner le premier à la Dominique... le second à la Barbade, pour y recevoir, avec des recommandations cabalistiques, des sachets nouveaux émanant d'une vieille sorcière dont la prescience se paie en poudre d'or... et ils se préparaient à ce pèlerinage, réunissant, au prix de sacrifices multiples, le montant de leur voyage et de la consultation lointaine qu'ils devaient aller quérir.

. . . .

... Dans toutes ces pratiques, qu'obscurcissent et détériorent à dessein les trafiquants de sortilèges, on est étonné de rencontrer, quand on peut les pénétrer et se les expliquer à fond, des méthodes qui n'ont rien d'illogique, ni d'absurde.

Une chose, par exemple, qui étonne à un degré dont on ne peut se faire une idée, celui qui passe chez les Indiens, c'est le flair et les aptitudes incomparables de certains de leurs chiens pour diverses chasses.

Et cependant ce dressage qui émerveille s'obtient de la façon la plus simple.

On « débouche » le chien, c'est le terme employé. Et voici comment :

Il faut d'abord savoir que chaque giber, dans ce pays qui ne ressemble à aucun autre, porte sous la peau un musc qui lui est spécial et lui communique une odeur propre et caractéristique. Ce musc est contenu dans une ou plusieurs glandes ou poches.

Veut-on dresser un chien pour la chasse au patira : on se procure du musc de patira, on l'écrase en consistance d'onguent, on y adjoint du piment, du poivre de Cayenne, puis on en bourre les narines de l'animal.

Le malheureux hurle de douleur... mais après deux ou trois séances de ce genre, il est tellement hanté par l'odeur de l'animal dont il a subi le musc que, de très loin, il en percevra les émanations les plus faibles et se précipitera à sa poursuite sans jamais se tromper ni se laisser dépister de la trace.

C'est par ce procédé très ingénieux, qui n'a rien de surnaturel, que les Indiens s'entourent de chiens merveilleusement doués pour une chasse exclusive et unique, qui sera, selon le « débouchage », celle de la tortue, du tapir, du kariakou, de l'agouti ou de tout autre quadrupède...

... En somme, pour en terminer, on peut dire que comme tous les pays nègres, la Guyane ne comprend que des piayeurs et des piayés, des féticheurs et des fétichés, des gens qui distribuent et vendent des secrets et d'autres qui les achètent et les reçoivent. Il y a des piayes, des sortilèges pour tout et pour tous : il y a ceux qui guérissent et ceux qui rendent malade, ceux qui font aimer et ceux qui font mourir, ceux qui enrichissent et ceux qui détournent les fortunes.

Tout émetteur de piaye est un toxicologue, souvent un empoisonneur; mais, de tout ce fatras de faux et de vrai, de savoir et d'ignorance, il serait à souhaiter que certains médecins nés dans le pays et y exerçant, s'efforçassent de trier le meilleur...

Il y a là un champ vaste, fécond et fertile, dont il serait nécessaire et urgent d'éclairer les ténèbres pour en tirer profit...

N'est-ce point des obscurités de l'alchimie moyennageuse qu'est sortie, armée de toutes pièces, notre lumineuse et décisive chimie contemporaine?

Et n'est-ce point aussi des rusticités de l'empirisme que nous avons tiré les puissantes ressources de notre arsenal de thérapeutique actuelle?

CHAPITRE XIX

... Nous ne pouvions cependant point nous éter-
niser dans Apoïké, ce village final de l'Itany, dont les
habitants pourtant, maintenant que je les examinais
de près, me paraissaient mériter plus d'attention et
d'intérêt qu'au début.

Je m'étais mêlé à leur vie et je pus pénétrer quelque
peu dans l'intimité de Couita.

Il éprouvait une joie et une fierté d'enfant à me
voir prendre au même plat les mêmes aliments que
liu : lézards de terres, macaques, caïmans, tortues. Je
m'accommodais de tout, mais... je m'empressai de
décliner l'honneur d'être plus longtemps son com-
mensal, du jour où je m'aperçus du procédé par trop
réaliste qu'employait sa cuisinière... pour... lier ses
sauces. Elle aspirait une très forte gorgée d'eau, ne
l'avalait point, mais la gardait entre ses joues gonflées,
puis, accroupie près du chaudron dont elle surveillait
la cuisson, elle y envoyait toutes les cinq minutes,
pour en compenser l'évaporation, un filet du liquide
en réserve dans sa bouche.

... Ces Indiens étaient très friands de grenouilles,
plutôt terrestres qu'aquatiques, et dans les derniers
temps de mon séjour parmi eux, chaque nuit, entre

onze heures et minuit, munis de torches d'encens, ils allaient, agitant leurs clartés dans les ténèbres, et se livraient, dans les mares et les vasières, à la recherche de ces énormes batraciens, qui me répugnaient à cause de leur trop grande similitude avec les crapauds.

Cette promenade lumineuse et silencieuse à travers la nuit, ne manquait pas d'un certain pittoresque, et, de mon hamac je prenais plaisir à suivre, entre les arbres, la marche mouvementée et tremblottante de ces grands luminaires me faisant l'effet de gigantesques feux follets... qui voltigeaient en vacillant au souffle de l'air.

... Avant de quitter Couita et ses administrés, toujours conduits par Yalou et munis de vivres pour une semaine, nous avançâmes par terre en suivant une marche sensiblement parallèle au fleuve, jusqu'au delà du pied des premières collines, monts et montagnes, dont la vaste et longue agglomération constitue la chaîne des Tumuc-Humac. Cette immense muraille, dont l'altitude moyenne n'excède guère quatre cents mètres, se trouve jetée là par la nature, comme une borne massive et indiscutable, entre le Brésil et les Guyanes hollandaise et française.

Nous avions traversé, pendant cette expédition, de nombreuses « pinotières » marécageuses et bourbeuses d'où émergeaient fréquemment des collines qui devenaient de plus en plus élevées. Ce sont les contreforts immédiats des montagnes Tumuc-Humac, dont le nom dérive du mot indien « moucou-moucou », végétal de deux à trois mètres de hauteur, ami des terrains humides, et qui croît en abondance en ces parages.

L'Itany, que nous ne perdions pas de vue durant le trajet, s'amoindrissait à chaque étape, devenant ruisseau, ruisselet, et, après avoir contourné quelques monticules, finissait par s'éteindre, par disparaître en des champs de vases que leur manque de consistance rendait inaccessibles, inexplorables.

A la saison pluvieuse, ces vasières très étendues devaient, grâce aux centaines de torrents qui s'y déversent en dévalant des montagnes, s'emplir, s'enfler avec rapidité et engendrer un immense réservoir capable de fournir avec usure et abondance l'eau nécessaire au régime de l'Itany.

Notre but était atteint : nous étions aux Tumuc-Humac, soulèvement dont l'existence est due à une roche noire, d'aspect balsatique, la diabase; nous avions sous les yeux l'origine du fleuve dont nous nous étions promis de rechercher les sources. Il ne nous restait donc plus qu'à reprendre, avec la satisfaction du programme réalisé, du devoir accompli, le cours de nos périgrinations, mais cette fois en sens inverse.

Pendant cette incursion dans la montagne, nous eûmes une alerte qui mérite d'être signalée.

Le jeune Peau-Rouge Atalia, en mettant, pour le franchir, son pied sur un arbre étendu à terre, pourri intérieurement et miné par les fourmis, y enfonça jusqu'à mi-corps.

Il poussa un cri de détresse, car, au même instant, une très grosse araignée-crabe, volumineuse comme une tête de nouveau-né, dérangée dans son repaire, s'était précipitée sur sa jambe et l'y mordait cruellement. La morsure de cet arachnide gigantesque passe pour être venimeuse et redoutable à l'égard de celle des serpents.

Hérissée d'aspérités répugnantes, cette effrayante araignée séjourne dans une toile à tissus résistants, en forme de cylindre, qu'elle agglutine et fixe entre les parois des pierres ou les fentes des écorces.

Jeannette, qui ne saurait être pris au dépourvu, désinfecta immédiatement la plaie avec son indispensable viatique, son universel remède à serpent; puis il fit enfouir, pendant deux heures consécutives, la jambe de l'enfant dans un trou creusé dans le sol humide, en vertu de cet axiome que nous dûmes admettre comme irréfutable : « Le poison qui vient de la terre doit être repris par la terre ».

Soumis à un traitement si rationnel, le jeune Atalia ne pouvait décemment ne point se déclarer soulagé : c'est ce qu'il fit et il nous donna des preuves de sa validité en se montrant, dès le soir même, ingambe presque autant qu'à l'ordinaire.

... Yapané, pendant cette visite dans les Tumuc-Humac, me démontra, avec expérience à l'appui, comment s'y prennent ses congénères pour improviser du feu, sans ustensile approprié.

J'avais cru jusque-là, sur la foi de certaines lectures, qu'on arrivait à ce résultat en frottant l'un contre l'autre, avec célérité, deux bâtonnets actionnés chacun par une main.

Ce n'est point ainsi que procéda l'Indien.

Il choisit une bûche de bois, la plus sèche possible et la mit à ses pieds. A la pointe du couteau, il y sculpta un trou, puis, dans cette concavité, il introduisit la tête arrondie d'un bâton maintenu perpenduculaire dont il se mit à faire évoluer et rouler entre ses paumes étendues et parallèles, et avec une rapidité incroyable, l'extrémité supérieure demeurée libre... Par cette rotation accélérée et ininterrompue, le bâton finit par échauffer la bûche : un soupçon de fumée apparut d'abord, puis un léger point d'ignition et enfin une flamme qui s'accrut vite, car il avait eu soin au préalable de se munir, pour alimenter le feu, de feuilles et de lamelles d'écorces excessivement desséchées et inflammables.

C'est une rude besogne que de procréer du feu... une vraie besogne de sauvage, qui n'est pas toujours suivie de réussite... mais qui inonde de sueur et met infailliblement en nage à chaque essai l'opérateur, tant sont excessives l'attention, la prestesse et l'activité qu'il lui faut déployer pour mener une telle tâche à bonne fin.

... Dès notre retour à Apoïké, nous nous empressâmes de faire nos paquets, de charger nos pirogues, de nous préparer au départ.

Couita et Yalou vinrent nous faire leurs adieux. Ils étaient accompagnés de femmes qui portaient des présents : régimes de bananes, papayes, ananas et autres produits du cru.

Une gracieuseté en appelle une autre. Je leur fis remettre en échange des boutons, des perles, des allumettes, des aiguilles, du fil et des hameçons. A Yalou, qui avait pu apprécier, pendant qu'il nous suivait, les effets de la dynamite, je laissai, sur sa demande, quelques cartouches qu'il conserverait pour les cas d'absolue urgence où il faudrait, coûte que coûte, se procurer du poisson.

Deux jeunes femmes s'avancèrent alors.

Chacune d'elles portait, soutenu dans un minuscule hamac passé en bandoulière autour du torse, un nourrisson dont le buste aux jambes pendantes était appuyé comme à califourchon sur la hanche maternelle : c'étaient deux jeunes mères qui venaient me présenter leur progéniture. Je tapotai la joue des petits et leur souhaitai tout le bonheur possible.

Les Indiennes se retirèrent radieuses, car elles étaient persuadées que les caresses et les vœux du piaye blanc devaient assurer à leur enfant une existence exempte d'infortune et féconde en joies de toutes sortes...

Enfin nous nous embarquâmes... et la proue cette fois non plus orientée vers la source, mais tournée vers l'embouchure de l'Itany; nous nous éloignâmes, suivant le fil de l'eau, redescendant le courant, retournant au point de départ... commençant enfin à nous rapprocher de nos amis si lointains.

Et pourtant j'avais le cœur serré, en pensant que jamais plus durant ma vie humaine, je ne reverrai Apoïké, ni Couita, son pauvre tamouchi, qui, de loin, les bras levés, m'adressaient le suprême adieu du sauvage au civilisé...

CHAPITRE XX

Comment s'organise une prospection d'or. — La « battée ». —
Le « sluice ». — Les « placers ». — Condition actuelle et genre
d'existence des mineurs et chercheurs d'or. — Ce que dit l'oiseau « voyons-voyons ».

Pendant les incursions que nous fîmes dans les
Tumuc-Humac, Jeannette creusa, aidé de son équipe,
plusieurs trous de prospection.

Les résultats de ces recherches furent négatifs. En
aucun point nous ne décelâmes la présence de l'or en
quantité suffisante pour mériter d'être exploité.

Cette non-réussite de notre part ne doit point cependant constituer un jugement sans appel et irré-
vocable, car il est de notoriété que les placers les plus
riches ont, pour la plupart, été explorés par des prospecteurs connus pour leur habileté, qui passèrent tout
d'abord sans les soupçonner à côté de leurs trésors;
alors que des inconnus, des mineurs plus chanceux
que réputés, surent, eux, mettre la main sur la fortune
enfouie dans le sol...

En tout cas, Jeannette — en sa qualité de chef de
prospection — affirma que la couche de terre de cette
contrée, dépourvue de tout quartz et dont les sous-
sols n'offraient aucune résistance, constituait un
terrain des plus défavorables et qu'y chercher de l'or
était perdre son temps.

Comme nous avions mission de nous rendre compte

UNE RUE DE PLACER

UN « SLUÏCE » POUR LE LAVAGE DE L'OR

de la valeur minière des endroits parcourus, nous fîmes malgré tout, à plusieurs reprises, pendant le retour, arrêter nos pirogues à l'embouchure de criques qui venaient grossir l'Itany.

La recherche de l'or d'alluvion se limite aux criques, en vertu d'une théorie indiscutable d'ailleurs, qui peut se formuler ainsi : « L'or désagrégé que déplacent et roulent les torrents et les pluies, se trouve, en raison de son poids, nécessairement entraîné vers les bas-fonds, les parties les plus déclives des vallées, les rivières, par conséquent ».

... Jeannette prenait alors sous son bras la « battée », large plat en bois ou en fer, affectant la forme d'un cône, d'un abat-jour, si l'on préfère, très évasé, très peu profond. Cet instrument est l'apanage du chef qui dirige la prospection. Martin, Tangléra et Aponchy se partageaient les pics, les pelles « criminelles » et « à vase », les seaux et les couïs et l'on s'avançait sous bois, le sabre d'abatis en main, traçant, chacun pour sa part, un sentier de chasseur où nous nous engagions en file indienne.

Jeannette, tout en marchant, coupait une baguette longue de deux mètres qui, sur les bords des criques, lui servait à sonder la profondeur du sol mou, péné-trable, et à rechercher la couche résistante, le bed-rock, la glaise qui sert d'assiette, de plateau d'arrêt à l'or, lequel, en raison de sa densité, traverse l'humus, le sable et vient se collecter sur ce plan solide...

Si sa baguette s'enfonçait sans rencontrer d'obs-tacle dans le sol : « Allons plus loin, disait Jeannette, le terrain est mauvais, il n'a pas de fond. »

Si, au contraire, la baguette se butait contre une résistance, ayant rencontré la glaise durcie : « Halte, commandait-il, et à l'ouvrage. »

Chacun alors se mettait à l'œuvre, s'acquittant du rôle qui lui était attribué.

Aponchy défonçait la surface du sol à coups de pic, y dessinait un rectangle de deux à trois mètres de long sur soixante-quinze centimètres à un mètre de large; Martin et Tangléra, armés chacun d'une pelle, creusaient le trou en profondeur, s'arrêtant fréquemment de bêcher pour vider l'eau qui s'infiltrait de toutes parts par les parois et envahissait la tranchée. Le jeune Atalia sautait alors dans le trou et aidait les hommes à déterger la fosse; il utilisait d'abord le seau pour rejeter le plus gros de l'eau, puis terminait l'assèchement en se servant du couï, récipient mince, en fer, affectant la forme d'une moitié de calebasse, d'une calotte demi-sphérique, avec laquelle on racle la cavité, comme on raclerait le fond d'un canot pour en vider la couche liquide...

Enfin, à un moment donné, les terrassiers hélaient Jeannette : « Apporte ta battée, disaient-ils, nous sommes au fond, au bon endroit. » Et sur le large ustensile, ils entassaient la couche en contact immédiat avec le bed-rock, un volume de sept litres environ de terre et de pierres friables, à moitié blanchâtres, verdâtres ou noirâtres... qui devaient renfermer l'or, si or il y avait.

C'était alors au tour de Jeannette d'opérer, d'agir : Il avait le dernier mot, il était l'oracle qui déclarait sans appel si le terrain de la sorte examiné, contenait ou non le métal précieux...

Il « lavait » sa battée. Accroupi sur le bord du ruisseau voisin, il exposait son plat, contenant et contenu, au fil du courant. Et pendant que l'eau passait, il délayait la terre à essayer, il la pétrissait de sa main droite et en éliminait, les rejetant au loin, tous les cailloux qui s'y trouvaient mélangés à la vase alluvionnaire. En même temps, sa main gauche habile à cet exercice du lavage de la battée, imprimait à l'appareil un mouvement de rotation, un tournoiement sur l'eau, qui, par la force centrifuge, en chassait, en expulsait tous les éléments plus légers que l'or : parcelles de terreau, grains de sable, graviers, minerais de toutes sortes. Et seul, le métal d'or, poudre ou pépite, y demeurait, quand à la fin, d'un coup sec que seul peut posséder un vieux et véritable prospecteur, Jeannette expulsait enfin les derniers résidus de sable très fin et noir qui persistent en la battée et y semblent attendre cette violence finale, pour cesser de s'attacher à l'or.

Venait alors la minute solennelle : celle où le chef de prospection, après avoir fait virer la battée en tous sens pour bien l'éclairer sous tous les angles, et faire miroiter l'or qui, spécialement au point central, y demeure collecté, rend enfin son verdict :

S'il n'y a rien ou qu'un « eille », c'est-à-dire un simple tout petit « point » d'or, ou simplement la « couleur », ce qui n'indique rien de brillant, il l'annonce d'un ton dépité. Mais s'il s'y trouve une bonne couleur, c'est-à-dire du métal en quantité suffisante pour compenser les frais d'exploitation, alors sa voix se fait triomphante, et c'est avec l'emphase d'un vainqueur qu'il fait savoir aux intéressés, que la « crique » qu'on vient d'essayer est bonne, qu'elle est aurifère, qu'elle « paie » pour employer l'expression des placériens.

... La battée n'est qu'un moyen d'essai et quand on décide que la teneur en or d'une crique mérite qu'on l'exploite, on s'empresse alors d'installer, d'improviser un sluice, grâce à la scie de long et au paquet de

« clous à dalles » dont se munit toujours une équipe prévoyante.

Le sluice guyanais est un long canal en bois, composé de plusieurs pièces appelées dalles, qui s'emboîtent les unes dans les autres, et vont en se rétrécissant chacune de plus en plus. Chaque dalle formée par trois planches, la plus large au fond, les autres sur les côtés, a environ quarante centimètres de largeur, trente centimètres de profondeur et quatre mètres de longueur : un des bouts a plus d'écart, est plus ouvert que l'autre.

Le sluice, installé sur des piquets, doit avoir une pente modérée : il ne faut pas que l'eau qu'on y fait couler, qu'on y amène de la crique, y passe avec trop de rapidité, autrement les terres aurifères, dont on nourrit l'intérieur du sluice, seraient trop vite entraînées et insuffisamment ramollies, désagrégées et délayées pour abandonner tout leur or.

Pour retarder le courant et prolonger son contact avec les pelletées de terre, on dispose dans les dernières dalles, à trois centimètres du fond et appuyées sur des tasseaux de bois placés en travers du courant, des « grilles » : (ce sont des plaques de fer perforées de nombreux trous). Cette disposition produit un remou, un temps d'arrêt qui facilite la sortie de l'or de la gangue qui l'emprisonne et sa chute au fond du sluice où il s'amalgamme avec le mercure semé et retenu au-devant des tasseaux, des grilles et des élévations produites par l'emboîtement d'une dalle dans l'autre.

... On peut admettre que presque dans toute son étendue la Guyane est aurifère; mais elle ne l'est point partout de façon rémunératrice. De plus, dans ce pays de communication parfois impossible, il faut tenir compte, dans les prévisions d'exploitation, des frais de ravitaillement et de transport.

Telle teneur d'or qui sera productive et enrichira son placérien à Kourou, Bief ou Maripa, c'est-à-dire à peu de distance d'un centre de ravitaillement comme Cayenne, deviendra insuffisante et ruineuse pour l'entrepreneur, s'il faut faire monter vivres et ouvriers jusque dans le haut Maroni, par exemple.

Tout est relatif. A quoi servirait de produire un kilogramme d'or par jour, soit deux mille sept cents francs environ, si le chantier producteur exige pour son entretien une dépense quotidienne de trois mille francs d'argent?... Cet état de chose s'est vu et se voit encore.

Une découverte n'enrichit donc pas infailliblement son possesseur.

Parfois, à ce propos, je démontrais à Jeannette que les gens qui peuvent se targuer d'avoir trouvé la fortune dans l'exploitation directe des mines d'or, sont en nombre restreint : aussi restreint, toute proportion gardée, que celui des heureux gagnants d'un gros lot dans les loteries d'argent.

— Effectivement, opinait Jeannette, qu'il ne suffit pas de chercher pour trouver, et, que pour un mineur que favorise la veine, il en reste mille qui ne cessent point d'être gueux... Ainsi, moi, qui cours les bois la battée sous le bras, depuis plus de quarante ans, je n'ai pas encore rencontré et je commence à croire que je ne rencontrerai jamais la fameuse « crique » qui me « paiera » le million.

— Vous parlez comme un sage qui veut s'éviter des déceptions, Jeannette, mon ami, car il faut admettre en effet que, quatre-vingt-dix-neuf fois sur cent, le trou de prospection est bien réellement une fosse, — une fosse de cimetière, — où le prospecteur enfouit ainsi que l'on fait des cadavres, ses espoirs et ses illusions...

— « Effectivement », réopinait Yoyo — qui décidément, affectionnait cette affirmation sentencieuse, — « effectivement », et, si j'avais vingt ans de moins, sachant ce que je sais, j'orienterais ma vie autrement...

— Ah! Et que savez-vous? Et que feriez-vou?

— Ce que je sais, c'est que nous tous, les mineurs, les ouvriers de l'or qui suons, peinons, nous exténuons sur les criques et dans les forêts, nous sommes les macaques qui faisons manger les tortues. Vous savez le proverbe : « Gand mêci, macaque qui fait toti manger balata » (Grand merci, macaque qui secoues les fruits du balata et me les donnes en pâture à moi, la tortue).

— Je comprends, votre proverbe se traduit librement chez nous par un refrain de café-concert : « C'est pas celui qui gagne le foin qui le mange »; mais quelle est... la tortue... qui profite de votre travail et s'engraisse à votre dépens?

— Mais ce sont les mercantis, les marchands, les magasiniers, tous les trafiquants qui, sous prétexte de « vendre » leurs produits au maraudeur ou au bricoleur, lui drainent et soutirent son or jusqu'au dernier gramme.

Cette constatation plutôt acerbe du prospecteur Jeannette, résume assez bien, malgré un peu d'exagération, la situation actuelle en Guyane.

Les placers importants, les grandes découvertes se sont à la longue épuisés. L'or n'est pas comme un champ d'herbe qui se renouvelle, l'or s'épuise par la récolte, l'or enlevé ne revient plus et les directeurs de certains grands et anciens placers s'en sont aperçus, si bien que ceux qui recueillent encore aujourd'hui quelque bénéfice de ces établissements jadis prospères, y arrivent non plus grâce à l'extraction du métal, mais au moyen de fournitures en tous genres faites aux ouvriers du placer.

Les ingénieurs sont devenus commerçants, fournisseurs de vivres, épiciers : leurs placers ont été mis en bricole, trouvaille heureuse, productive et profitable. Ils ont dit aux ouvriers : « Vous pouvez désormais venir travailler dans toute l'étendue de notre domaine, et l'or que vous récolterez sera vôtre; seulement, chaque mois, vous nous verserez une redevance de quelques grammes, comme loyer du droit au travail que nous vous accordons et, surtout, vous vous fournirez de vivres et des objets de première nécessité, exclusivement à nos magasins... »

Ingénieuse combinaison qui permet quelques années de survie à des entreprises dont la seule exploitation minière serait incapable de couvrir les frais...

— La Guyane est dans le marasme. Et si cette année (1908) s'achève sans une grande découverte d'or qui nous revivifie et nous garnisse les poches, nous sommes des gens finis dans un pays perdu; car la Guyane, malgré son or, manque d'argent, affirmait en se lamentant Jeannette.

C'est en la colonie un article de foi que tous les sept ans doit se faire une trouvaille des plus importantes.

En 1873, Vitalo découvre Saint-Elie, Adieu-Vat où la ténacité humaine s'est, à travers les rocs, acharnée à la poursuite d'un filon jusqu'à cent trente mètres de profondeur (1), et tout le groupe des placers du Sinnamary.

(1) J'ai pu descendre au fond de cet intéressant puits de mine en compagnie d'un ami rencontré à la Guyane, M. Brierre de Boismont, auquel je suis redevable de plusieurs photographies insérées dans ce livre.

En 1880, on trouve l'Elysée et autres exploitations de la Mana.

En 1887, l'Awa, le plus rémunérateur de nos grands établissements actuels, fait son apparition.

1894... C'est l'âge épique, c'est l'âge d'or, c'est la fébrile épopée du Carsewène : meurtres, orgies, incendies, ruisseaux de sang et monceaux d'or... Pas besoin de sluices : le fusil d'une main, la battée de l'autre, des audacieux s'enrichissent en quelques heures... L'or circule, l'or ruisselle, on le méprise autant que la vie humaine. Il passe d'une main à une autre, des fortunes se bâtissent et s'effondrent en quelques minutes, à coups de dés... Des vies se suppriment sans compter, à coups de couteau... : des drames, du banditisme, de la jouissance et du crime! Puis, tel un météore funeste et fatal, dans une flambée de feu, dans un acte de rapine le Carsewène disparaît, le Contesté n'est plus : De ses doigts crochus et jaloux, le Brésil l'agrippe et le garde.

En 1901, les maraudeurs découvrent les gisements de l'Inini qui profiteront surtout à un homme, un créole de couleur connaissant la mine et mieux encore les mineurs, qui sut les organiser à sa façon et en user pour son meilleur profit.

Et maintenant enfin, en 1908, que nous réservent les mois qui restent à courir avant la fin de l'année? C'est l'aléa? Sera-ce une découverte nouvelle et la renaissance? Ou pour la Guyane, la définitive déchéance si rien ne point à l'horizon...

— Ah! gémissaient Jeannette et ses hommes, de l'or, de l'or... Il nous en faut à nous les Cayennais, non pour le mettre de côté et n'y plus toucher, comme font tous ces noirs anglais qui nous viennent de Sainte-Lucie, de la Barbade, de la Dominique, de partout...

il nous en faut parce que nous savons le dépenser, nous, notre or.

« Quand nous en possédons, nous, les mineurs guyanais, tout le monde par contre-coup en possède. »

— Ah! non, reprenait Jeannette, exprimant l'opinion de tous, nous n'agissons pas à l'anglaise, nous. Tant qu'il y a de la poudre dorée dans nos poches, il y en a dans le creux de nos mains, et nos mains sont toujours ouvertes...

« Tandis que ces sujets anglais, voyez-les au retour des bois : ils traversent piteusement nos villes, cachant leur récolte d'or comme s'ils étaient honteux, comme s'ils avaient conscience de l'avoir volé aux entrailles d'un sol qui n'est pas le leur... et sans avoir le plus souvent franchi le seuil d'un seul magasin, sans avoir choqué leurs verres dans nos cabarets, sans avoir osé laisser même un simple « sou marqué » entre les mains de nos filles... ils s'empressent de grimper sur le premier voilier qui s'en va et ne se décident à dénouer le cordon de leur bourse que lorsqu'ils commencent à voir poindre la rive de leur territoire anglais. » Et Jeannette concluait dédaigneusement :

— Des clients de cette sorte, il peut en venir des milliers et des milliers... ce ne sont pas eux qui donneront du mouvement aux affaires et de la prospérité au pays.

Et en cela Jeannette a raison.

Autant le nègre anglais ou hollandais — sans omettre le Martiniquais et le Guadeloupien, — autant l' « étranger » qui vient travailler aux mines, est économe et peu dépensier..., autant l'indigène guyanais, qui est un ouvrier incomparable pour l'endurance et l'énergie, est prodigue de son or et le sème à tous les vents.

. Ces chercheurs d'or, fils du pays, quand la fortune ne leur est point trop marâtre, se comportent quand ils revoient Cayenne, en véritables matelots qui débarqueraient dans un port. C'est à poignée pleine que glorieusement ils dépensent leur précieuse « production ». Il y en a pour tous et pour tout : pour les parents, pour les amis, les marchands, les cabaretiers et les femmes. Puis, quand sa poche est vide — la chose est vite faite — avec l'insouciance et la philosophie du marin, dont la bordée à terre a pris fin, le prospecteur regagne la route du bois... et stoïquement réendosse pour des mois, son harnais de travail, de privations et de misère...

Et, courbé sur sa nouvelle tranchée, à nouveau il sue, peine et s'exténue, pendant que sur sa tête, l'oiseau des criques, le « voyons-voyons », comme l'appellent les mineurs à cause de son cri, l'encourage, le stimule au travail et ressemble, avec son chant obsédant, à un patron exigeant qui morigénerait son équipe et crierait à longueur de jour des choses que le « bricoleur » interprète ainsi :

« Voyons-voyons !... l'ouvrier, il ne s'agit point de mollir.

« Voyons-voyons !... il ne faudrait pas s'endormir.

« Voyons-voyons !... piochons plus dur, piochons plus ferme.

« Voyons-voyons !... travaille, exclave de l'or, travaille, travaille sans trêve, sans répit, sans merci, et... souvent aussi : sans profit. »

CHAPITRE XXI

Notre descente s'effectuait plutôt lentement et difficilement. Nous étions en pleine saison sèche avancée et, en certains endroits, le lit de l'Itany se montrait presque à nu. Il nous fallait alors abandonner takaris et pagaies, nous atteler nous-mêmes aux pirogues et à grands efforts de bras, les contraindre, par nos vigueurs combinées, à glisser sur des bancs de vase ou des fonds de sable à peine recouverts de quelques centimètres d'eau. Nous dûmes même, à plusieurs reprises, alléger les embarcations d'une partie du matériel et les faire rouler, pour cheminer, sur des cylindres de bois que les hommes disposaient sous la quille.

Mais ces inconvénients, résultant de la sécheresse, n'empêchaient qu'à d'autres moments l'eau était excessivement profonde et se précipitait, surtout aux emplacements des sauts, avec une rapidité vertigineuse, emportant, dans une sorte de course à l'abîme, nos canots lancés comme des flèches. Dans de telles passes, le moindre coup de pagaie malencontreux, en imprimant une déviation même légère, eût inévitablement causé la perte et l'anéantissement de la barque qui se fût brisée en mille pièces sur les rocs partout menaçants.

Aponchy, d'ailleurs, notre maître de navigation, ne procédait qu'avec une extrême prudence, ne livrait rien au hasard. Grâce à ses soins et à son habileté, nous évitâmes toute catastrophe. Lorsque le courant se montrait par trop violent, sur son commandement, nous recourions à l'emploi de la « cordelle » : arc-boutés au pied de la berge ou sur les aspérités d'un rocher, nous réagissions de toute la puissance de nos muscles contre la vitesse de l'eau, et ne laissions dévider le cordage confié à nos mains et retenant l'arrière du canot, qu'autant qu'il fallait pour qu'Aponchy, demeuré seul sur la pirogue, pût la piloter sans danger à travers les écueils.

Dans ces manœuvres nautiques, chacun se mettait à l'eau, sans aucunement se soucier de l'heure du dernier repas. Les Bonis s'élancent à la rivière, immédiatement au sortir de manger, sans plus de précaution que s'ils se trouvaient à jeun. Ils n'ont aucune crainte de ces congestions que nous redoutons si fort chez nous, pour les estomacs en exercice de digestion. Nous les imitions, non toutefois sans quelque appréhension au début, puis nous nous étions faits à cette coutume malgré sa réputation antihygiénique, vite rassurés, d'ailleurs, il faut le dire, par la complète innocuité de nos premiers essais. Jamais, chez les indigènes du Maroni, je n'ai vu se produire ou entendu citer un accident du fait de ces baignades intempestives.

... Nous longeâmes des séries de collines où s'étageaient des milliers d'arbre de hauteur insoupçonnée en Europe, et, sur ces champs aériens dont l'uniforme verdure se perdait dans les lointains du ciel, çà et là, grâce à la saison, des ébéniers à la hampe élancée, étalaient, égayant à propos la monotonie du décor, la vive et claire tache d'or des parasols garnis de fleurs qui s'épanouissaient à leur faîte.

Dans ce pays singulier, où l'on se meut au milieu de proportions dépassant les moyennes admises, on finit par perdre, faute de points de comparaison, l'optique vrai et la notion juste des mesures :

Il me fallut la rencontre d'un Français, d'un Parisien qui se rendait aux mines d'or de l'Awa, pour que je me fisse enfin une idée juste de la hauteur de tous ces arbres, qui depuis des mois constituaient mon seul horizon.

Cette entrevue ne manqua point d'une certaine originalité.

Je descendais le Maroni, mission finie, en compagnie de Dutertre malade. Nous nous dirigions sur Saint-Laurent et nous venions de traverser sans accident le long et périlleux saut Poligoudou, quand, venant en sens inverse, apparut une pirogue pilotée par des Boschs, et luxueusement aménagée, comparativement aux nôtres qui sortaient d'une dure campagne. Quand cette pirogue fut à notre hauteur, quelqu'un s'y dressa qui, après m'avoir observé quelque instants, se décida à m'interpeller :

— Vous êtes blanc, n'est-ce pas? Je ne me trompe pas?

— Je l'ai toujours cru jusqu'ici, repartis-je en riant... Il est toutefois possible qu'étant devenu à moitié sauvage, je sois devenu de même à mon insu, à moitié noir ou rouge...

— Très bien. Vous êtes le docteur « un tel »?... et le lieutenant de vaisseau Dutertre est avec vous?

— Oui.

— Arrêtez! cria l'homme à ses pagayeurs. Je vous

savais dans le Maroni... Je suis enchanté de vous rencontrer, continua-t-il, et si vous le voulez bien, nous passerons cette soirée ensemble...

Et là, à la marge de la forêt vierge, au bruit du grondement formidable que profère le fleuve en se meurtrissant sur les rocs dont se hérisse le Poligoudou, M. Maurice Geoffroy (1), qui a parcouru le Maroni à plusieurs reprises et a pu réconcilier dans un banquet, dont la date demeurera célèbre dans les fastes du pays, le grand Man des Boschs et le grand Man des Bonis... nous raconta les faits les plus récents d'Europe;... puis, nous parlâmes de Paris, des hommes en vue, des connaissances et des amis communs.

Avant le dîner, qui fut arrosé de vins de France, dont Dutertre et moi ne savions plus la saveur depuis longtemps, nous nous fîmes conduire, pour y prendre le bain du soir, sur une roche qui émergeait, lisse et polie, au milieu du Maroni.

De ce point central et suffisamment éloigné, nous embrassions aisément la végétation luxuriante qui surcharge les deux rives, et entre deux plongeons, nous devisions de choses ayant trait à la situation :

— Ceux de France ne se doutent guère, disait Geoffroy, qu'aujourd'hui, en fin décembre, en plein hiver et à neuf heures du soir —car s'il est cinq heures ici, il est bien neuf heures à Paris — nous tirons la coupe et nous octroyons la plus délicieuse baignade qui se puisse. Quels merveilleux panoramas, mais aussi quel pays impénétrable...

— A propos, m'interrogeait-il, avez-vous jamais supputé quelle peut être exactement, ou à peu près,

---

(1) M. M. Geoffroy est l'auteur d'une carte de la Guyane que l'on doit considérer comme la plus complète à ce jour.

la taille de tous ces arbres aux pieds desquels vous vivez depuis des mois? Combien pensez-vous qu'ils mesurent de haut? Croyez-vous qu'ils se puissent comparer aux maisons de Paris? Seraient-ils, d'après vous, plus ou moins élevés que ces dernières?

— Je suppose, répondis-je, qu'ils doivent ou peu s'en faut, atteindre au même niveau...

— Je m'attendais à votre réponse. Elle est classique et tous les Européens à qui j'ai pu adresser, dans ces parages, pareille question m'ont, à peu de variante près, répliqué comme vous... On dirait que la vue finit par se fausser à force de contempler ces perpétuelles et incessantes énormités de verdure. Eh bien, sachez donc, sauvage qui n'appréciez même pas votre cadre, me dit en riant Geoffroy, que ces arbres varient entre une élévation moyenne de quarante à cinquante mètres... Quelques-uns vont jusqu'à soixante mètres!... Tandis que les immeubles de la capitale, et je n'envisage pas les moindres, atteignent rarement vingt-huit mètres de hauteur... : des nains en comparaison! Et sur cette nappe élevée de verdure, quelle admirable intensité de vie, y avez-vous jamais songé, nous découvrirons le jour où la navigation aérienne nous permettra d'y surplaner? Car le sol des forêts, avec ses espaces inférieurs où l'air et la lumière sont raréfiés et viciés, n'est habitable que comme pis aller et il n'y a que les êtres mal doués, dépourvus d'ailes et d'agilité qui s'en accommodent, obligés qu'ils sont de par leur lourdeur, d'y rester confinés.

Mais la faune brillante, la faune heureuse et libre, la faune des oiseaux, des singes, de tout ce qui peut grimper et s'élever, c'est là-haut, à cinquante mètres, dans ces régions supérieures qu'il faut aller les chercher ; c'est, juchés là, que se trouve le véritable lieu d'élection, les véritables domiciles de la majorité des hôtes de la forêt...

.   .   .   .

... Nous nous arrêtions assez fréquemment et, laissant le canot pour plusieurs heures, nous nous enfoncions sous bois. J'en profitai pour parfaire mon éducation de chasseur et augmenter ma connaissance de la forêt.

J'appris à distinguer le chant des différents oiseaux et le cri particulier des animaux considérés comme mangeables. Je m'exerçai à reconnaître au bord des criques, où ils viennent se désaltérer, les empreintes qu'y laissent les grosses pièces : maïpouris, cerfs, capiaï, patira. Je sus relever la trace des griffes du tigre et la foulée qu'imprime au bord humide des berges, le poids des caïmans.

Je fus assez heureux, au cours de ces randonnées dans la brousse, pour contempler un spectacle qui, au dire des chasseurs, se fait de plus en plus rare en Guyane : le passage d'une troupe de cochons marrons.

Ce fut d'abord comme un bruit de grêle, un bruissement un peu lointain produit par le claquement des mâchoires d'une centaine de bêtes, dont les dents s'entrechoquaient et s'entrefrottaient sans interruption. Puis, devant nous (j'étais avec Martin, le mûlâtre), toute une zône de terrain parut s'agiter comme si les arbustes et les jeunes arbres y étaient secoués par des mains invisibles. Ce frémissement était produit par la poussée de la bande, qui s'avance toujours en rangs serrés, et qui ne se désagrège et ne se disperse, qu'après avoir senti le plomb et laissé un certain nombre de cadavres sur place.

Ces porcs sauvages, d'espèce assez semblable au patira, vivent en collectivité et foisonnaient autrefois

PROCESSION DE CAYENNAISE FÊTANT L'ÉLECTION
DU CANDIDAT PRÉFÉRÉ

SUR LES QUAIS DE CAYENNE : FORÇATS TRAVAILLANT (?!)
AU DÉCHARGEMENT D'UN CHALAND

en Guyane. Ils ont dû reculer devant la pénétration de l'homme et émigrer très profondément dans l'intérieur, car aujourd'hui, ce n'est que très accidentellement, que l'on rencontre quelques échantillons des vastes troupeaux de jadis...

... Je me faisais expliquer le nom des choses et j'admirais les désignations à la fois puériles, imagées et savoureuses que savent trouver les créoles. Leur langage renferme beaucoup d'expressions et de termes vieillots, qui devaient avoir cours chez nous, vers l'époque de la Révolution : L'oiseau « mon-père » est ainsi nommé parce qu'il a le sommet du crâne dénudé, tondu, comme celui d'un révérend père capucin.

Une petite mésange est gratifiée du nom héroïque et bien garde-française d' « épaulette-ma-chimère », parce que la nature lui a « baillé », à l'attache de l'aile aux épaules, une touffe de duvet jaune qui ressemble à l'épaulette. Le classique Fanfan la Tulipe, naïf, sentimental et cocardier, eut accepté avec empressement, pareille dénomination...

Les bois possèdent des ressources invisibles pour le profane, dont seuls savent tirer parti les vieux initiés.

J'exprimais, un matin, que l'atmosphère était des plus lourdes, le regret de ne point rencontrer une crique où pouvoir se désaltérer.

Tangléra, qui frayait le chemin devant moi, n'avait point soufflé mot, mais au bout de quelques pas, il s'était arrêté et, saisissant de la main gauche une liane, il en sectionnait de sa droite armée du sabre, un tronçon d'à peu près quarante centimètres.

— Tiens, patron, bois, dit-il en m'offrant cette tige fraîchement coupée. Bois sans crainte l'eau qui s'écoule par en bas. Elle est fraîche, limpide, meilleure que celle des ruisseaux.

— Comment nommes-tu ce végétal?

— C'est la « liane-chasseur », patron. On l'appelle encore liane rouge à cause de sa teinte, liane-à-eau...

Cette liane providentielle est parcourue dans sa longueur par des canaux juxtaposés et parallèles qui sont gorgés d'un suc aqueux très désaltérant et de saveur agréable. On en peut activer ou diminuer l'écoulement, grâce à un tour de main bien connu des Indiens qui coiffent de leur paume, faisant office de couvercle, la section de la partie supérieure. Ils appliquent leurs lèvres à l'autre extrémité et selon qu'ils soulèvent plus ou moins la main obturatrice, la pression atmosphérique se fait plus ou moins sentir, déterminant la sortie plus ou moins abondante et rapide du liquide intérieur.

— Te serait-il possible de me procurer, chaque jour, une bonne tranche de cette excellente liane chasseur.

— Oui, patron, « si Dieu veut ».

« Si Dieu veut », est une phrase qui revient constamment dans la conversation des noirs antillais et guyanais. C'est l'expression presque obligatoire que le nègre accole à sa réponse quand il répond à un ordre :

« Tu vas aller à la chasse, dit-on à son domestique, « tâche de rapporter un bon gibier? » — « Si Dieu veut, » répond infailliblement le chasseur...

« Te crois-tu capable de parvenir avant la nuit à tel endroit où je désire coucher? » demande-t-on à son patron pagayeur. — « Si Dieu veut, » répond imperturbablement le batelier.

« Tiens, voici un hocco, dit-on à son cuisinier, et tâche d'en faire un bon plat?... » — « Si Dieu veut. »

— « Si Dieu veut, » la réponse encore est la même, toujours invariable...

... Tangléra qui appelle ses compagnons « collègues »
et non « compères », comme c'est l'habitude, on l'a
remarqué peut-être, me qualifie, moi, de « patron ».
Il évite, contrairement à ses autres camarades, de se
servir du mot « chef ». Et cela parce que Tangléra a
des opinions politiques, parce qu'il est quelque chose
comme un démocrate, parce que lui, Tangléra, de
Cayenne, est un Zambo, un « œilliste », c'est-à-dire
un partisan de l'*Œil*, feuille hebdomadaire locale à
tendance révolutionnaire et internationaliste. Du mot
« patron », la dignité de Tangléra, citoyen-électeur de
la troisième république, s'accommode sans trop de
révolte : c'est moins hiérarchique, moins rétrograde
et plus mitigé que « chef ».

Comme tout parti politique se respectant, les
« œillistes » ont des adversaires : ce sont les « bon-
« droitistes, qui eux aussi ont leur organe, leur journal
le Bon-Droit.

Œil et *Bon-Droit* s'affublent d'épithètes et ru-
briques politiques dont la longueur et la résonnance
compensent en partie la foncière inanité. Les uns, les
œillistes, s'intituleront des socialo-démocratico-inter-
nationalistes?... les autres, les bon-droitistes, plus
modérés, plus bourgeois et plus modestes, se conten-
teront d'être des radico-socialo-républicains.

En somme, ni les uns, ni les autres ne sont rien
de ce qu'ils disent. Leur programme véritable est
beaucoup plus simplifié, bien moins compliqué, bien
moins désastreux pour leurs méninges : c'est, réduit
à son extrême simplicité, l'exclusive recherche de
l'assiette au beurre.

Sur ce programme commun aux deux camps, se
greffe cependant une variante, légère, il est vrai, mais
non dénuée d'intérêt. C'est que le parti qui détient

l'assiette au beurre, c'est-à-dire les rênes du gouvernement communal, s'en constitue le « défenseur »,
alors que l'autre, celui qui momentanément s'en
trouve éloigné, s'hypnotise du désir d'y mettre à
son tour... la patte, et s'érige en assaillant, en agresseur irréductible et... perpétuel.

Perpétuel? entendons-nous... jusqu'au jour seulement où de nouveaux bulletins de vote s'entassant
sur les plateaux de la balance consultative populaire,
viendront changer les situations précédentes, inter-
vertir les rôles et faire de l'assaillant, de l'affamé
d'hier, le conservateur, le « digérant » de demain...

Et ce jour-là, c'est l'exode en masse des vaincus.
Ce ne sont pas uniquement, pour employer l'expression chère à Tangléra, les « patrons » du parti battu
qui cèdent la place, mais tout, tout depuis le plus
important d'entre les « plumitifs » jusqu'au plus infime
des ratisseurs de parquets, tout disparaît, chassé par
les vainqueurs qui s'implantent à leur tour, eux et
les leurs, dans tous les emplois et fonctions rétribués
par la ville.

On a beau être électeur et Français, on en est pas
moins en Guyane quelque peu Américain et... les
Américains sont... pratiques.

Cette comédie — jouée par ces pauvres grands
enfants nouveau-nés à la vie publique, et qui ap-
portent dans leurs exercices de voltige politique,
une ardeur, un entrain d'écoliers se disputant aux
jeux de barres la possession du meilleur coin, — est
habituellement ridicule et grotesque, plate et attristante.

Pourtant, parfois, cela se complique de tragique,
cela prend une allure de drame.

Le sang de cette race, fouetté par l'âpre jouissance

d'une liberté toute récente, récèle une jeunesse, un enthousiasme, une fougue d'impulsion, qui maintes fois s'extériorise en un beau geste, et leur permet de clore la bouffonnerie ou l'ineptie de certaines polémiques, par un paraphe qui vaut qu'on le considère : car il se trace avec une épée pour plume, et pour encre, avec du sang!

Les Cayennais n'ont pas peur d'une entaille dans la peau; ils sont convaincus qu'une saignée, faite à propos, rafraîchit les idées et fait plus pour convaincre que l'argument le plus spécieux.

Quand il s'agit de luttes politiques, quand il s'agit d'assurer le succès d'un vote ou le triomphe d'un candidat, les noirs ne seront pas avares de leur sang : ils sacrifieront tout pour une élection, leur vie même le cas échéant.

Ce sacrifice suprême leur semble d'ailleurs peut-être moins pénible qu'en nos vieilles contrées d'Europe, car, eux, ont au moins en trépassant la consolation de se dire que leurs correligionnaires politiques sauront bien, au grand jour de la consultation populaire, les... ressusciter... suffisamment de temps pour que leur bulletin de vote fasse encore figure dans l'urne. Le fait est fréquent et incontestable, que bien des gens, à la Guyane et aux Antilles, continuent à voter... même après leur mort?...

CHAPITRE XXII

Nous rencontrâmes dans la région de l'Itany, des balatas, mais isolés comme ils le sont d'ailleurs partout en Guyane, et non groupés en famille, comme à tort, on l'a prétendu longtemps.

J'entaillai le premier échantillon que je vis, et au bas de la plaie linéaire faite, par incision avec le tranchant du sabre, dans la partie superficielle de l'écorce, j'adaptai une calebasse pour y recueillir le suc laiteux et épais qui s'écoulait goutte à goutte de la blessure.

Puis, quand je jugeai suffisante la dose recueillie, je portai le récipient à ma bouche.

Jeannette se précipita sur mon bras qu'il retint :

— Que faites-vous? s'exclama-t-il.

— Vous le voyez bien, je bois.

— Vous voulez donc vous empoisonner?

— Non, je veux simplement me rendre compte par moi-même et expérimentalement de ce que j'ai lu dernièrement dans un roman. L'auteur prétendait que la gomme liquide du balata est, au sortir de l'arbre, exquise et semblable au vrai lait que nous buvons en France.

— Mais c'est fou d'imprimer des choses pareilles, cria Jeannette. Mais le lait du balata accole et soude les entrailles; mais il bouche l'estomac, il entraîne la mort.

— Cependant, Jeannette, j'ai entendu dire que des ouvriers balatiers en absorbaient pour se désaltérer?

— Eh oui, par forfanterie, pour satisfaire la curiosité de ceux qui le leur demande et les étonner... Mais en ce cas, ils commencent par noyer sous une grande proportion d'eau, le suc primitif. Ils obtiennent de la sorte une émulsion très étendue, où les particules gommeuses sont très divisées, très disséminées, et par suite, dans l'impossibilité de s'agglutiner... Encore, ceux qui de ce singulier régime se sont trouvés plutôt mal que bien, ne sont pas toujours venus s'en vanter. Je puis vous parler de tout ça savamment puisque, concluait Jeannette, j'ai travaillé le balata pendant plusieurs années dans les communes de Mont-Sinéry et d'Iracoubo.

... Si le lait du balata n'est point prêt de détrôner le lait de vache, il n'en reste pas moins acquis que le « Mimusops Balata » de la famille des sapotacées, est vivement apprécié par l'industrie européenne et que sa gomme, non moins prisée que la gutta-percha de Malaisie, trouve son utilisation dans la fabrication de nombreux instruments de chirurgie, de physique, de galvanoplastie, et, surtout et avant tout, dans la confection des cables télégraphiques sous-marins et des enveloppes pour « pneumatiques » d'automobiles.

L'exploitation des balatas, qui se fait déjà sur une certaine échelle en Guyane, sera, pour cette colonie, dans un avenir prochain, une source de revenus plus sûrs et plus durables que la mine aurifère. L'or arraché aux entrailles du sol n'y revient plus, la récolte épuise le placer; le végétal, lui, le balata a l'avantage incomparable d'être un laboratoire vivant qui effectue et paie son tribut annuel, sans pour cela s'épuiser, sans pour cela cesser d'exister, ni cesser de se reproduire...

L'Etat accorde, pour les exploitations de balatas, des concessions individuelles de vingt-cinq mille hectares.

Les concessions actuelles se trouvent pour la plupart réparties dans la région d'Iracoubo comme point central, mais avec des ailes empiétant sur les communes avoisinantes de Mana et de Sinnamary.

Avant de procéder à la mise en chantier, il faut d'abord explorer, prospecter son terrain.

Pour cela on trace, à la boussole, une ligne, un chemin suivant une direction déterminée.

Sur cette ligne droite, en certains points dont la distance est fixée d'avance, on s'arrête, on établit une sorte de carrefour; et de là, comme les rais d'une roue qui partent du moyeu, on improvise de très petits et rapides sentiers qui s'irradient dans tous les sens à l'alentour. De cette façon, avec des hommes avisés et attentifs, on a chance de rencontrer et de noter tous les balatas disséminés dans la zône parcourue.

Six à dix arbres à l'hectare sont d'un suffisant rapport et constitue une bonne entreprise.

Après la prospection, vient le tour de la mise en chantier, de l'exploitation proprement dite.

L'ouvrier balatier doit être audacieux. Selon l'expression consacrée par eux, et que j'entendis de leur bouche en parcourant les forêts d'Iracoubo, dans leur métier il faut avant tout « n'avoir point peur de sa mort ».

Pour saigner les arbres, et l'incision monte jusqu'à quinze mètres de haut, ils emploient, en effet, des échelles d'une légèreté, d'une flexibilité, d'une ténuité telles que tout autre homme qu'un balatier, même un acrobate, n'oserait s'y aventurer, ne voudrait y monter.

Un bon ouvrier peut entailler dix à douze arbres dans sa journée.

L'entaille commence par le pied et se continue par une série de blessures, faites à coups de sabre dans l'écorce, et s'arrêtant à l'aubier : ces blessures — n'entamant point la dernière « robe » (1) comme on dit dans la partie, — qui se coupent de droite à gauche et de gauche à droite les unes les autres, forment ainsi une ligne brisée qui s'élève en hauteur jusqu'à dix ou quinze mètres.

Au bas de l'arbre, la « rigole » par où suinte et s'écoule le lait, aboutit à une encoche dans laquelle se fixe un coui ou une callebasse : là se collecte la gomme exsudée.

Le contenu de ces récipients est chaque jour recueilli dans un seau, et les seaux sont apportés au chantier, et là, versés dans les « tams », petites cuves carrées, peu profondes où le produit subit momentanément un commencement d'évaporation et de concentration. Enfin, en dernier lieu, les solutions gommeuses sont transvasées des tams dans la « dabrée ».

Cette dabrée est une auge de grande dimension : deux mètres cinquante sur un mètre quatre-vingts. Elle est fabriquée sur place avec des morceaux de pinots et cette carcasse de bois est enduite, cimentée de glaise à l'intérieur. Quand cette glaise est desséchée, on y verse une couche légère de lait de balata

______

(1) Le liber, c'est-à-dire la couche la plus interne, la plus profonde de l'écorce.

qui très vite s'évapore, comble les interstices et dépose sur toute la surface une couche de vernis résistante et polie.

Au-dessus de la dabrée, on dispose un toit mobile qu'on soulèvera quand il y a du soleil, pour hâter la dessication du lait, mais qu'on abaissera pour abriter la cuve contre l'humidité ou la pluie.

Chaque jour, l'évaporation aidant, la partie supérieure de la solution se coagule, se dessèche, se solidifie comme la crème sur le lait, et forme une plaque épaisse de deux à trois centimètres que l'on attire hors de l'auge, et que l'on appuie, que l'on étend par son milieu, sur une perche horizontale où elle achève de s'égoutter et de sécher.

Et le lendemain, dans la dabrée, une nouvelle couche à la partie supérieure se sera à son tour solidifiée, que l'on traitera de même que sa devancière.

Ce sont ces plaques qui constituent définitivement la gomme balata livrée au commerce, qui se paie à raison de cinq francs environ le kilogramme.

Un arbre traité méthodiquement, intelligemment, non pressuré en un mot, peut donner chaque année un rendement de deux kilos en moyenne. On pourrait, cela s'est fait et se fait malheureusement encore trop souvent, en soumettant le balata à un régime intense et préjudiciable, en tirer annuellement jusqu'à cinq kilos de gomme, mais ce sera au détriment de l'avenir, car l'arbre est désormais touché dans sa sève et sa longévité, par la multiplicité et la profondeur de ses blessures.

Les ouvriers balatiers sont rares et d'un recrutement malaisé parmi les Guyanais. Les noirs anglais et hollandais, de Demerara ou de Surinam, sont plus aptes à cette besogne spéciale.

Les engagements s'opèrent dans les conditions suivantes : on donne à l'homme qui consent à travailler pour vous cinq cents ou six cents francs. C'est une avance qui doit lui servir à se fournir de vivres pour toute sa campagne.

Un ouvrier non paresseux et sachant son affaire, doit fournir un minimum de cinq cents kilos par an. Quelques-uns, des habiles, des chanceux, qui sont tombés sur des lots de balatas bien groupés, peuvent aller jusqu'à sept cents, huit cents, parfaire même les mille kilos.

Le balatier doit toute sa récolte au patron qui lui a fourni les outils et l'avance pour vivres. Le règlement s'effectue entre eux de la façon la plus simple du monde. Son balata est acheté à l'ouvrier, à raison de deux francs le kilogramme, c'est une clause du contrat. Bien entendu, avant de payer son employé, l'entrepreneur commence par rentrer dans son avance de vivres... Il ne verse que le surplus...

Le travail du balata exige de l'expérience et un certain doigté.

Il faut d'abord bien savoir différencier le balata vrai d'avec une foule d'essences, qui donnent également du lait, comme le coumier, la zagasse, le boislettre, etc... Le lait véritable seul donne une gomme qui, très rapidement, se dessèche, lorsqu'on la malaxe entre les doigts, sans cesser d'être tenace : elle ne doit être ni trop élastique, ni cassante...

Ajoutons, pour en finir avec les balatas, que des mesures de protection ont été prises dans notre colonie pour sauvegarder ces arbres précieux contre les déprédations des maraudeurs qui, tout récemment encore, poussaient le vandalisme jusqu'à abattre l'arbre pour lui ravir, lui voler plus aisément d'un seul coup, toute sa gomme.

Souhaitons, dans l'intérêt des colons français, que la loi contre ces massacreurs presque toujours étrangers, soit appliquée dans toute sa rigueur, car plus et mieux que le reste, plus et mieux que l'or surtout, dont les apparitions sont capricieuses et imprécises comme des éclairs d'orage, le balata c'est, dans notre siècle de découvertes intensives, l'avenir assuré de la Guyane.

CHAPITRE XXIII

L'oiseau siffleur. — Egaré en forêt vierge. — L'oiseau-mouche. — La chasse aux « aigrettes ».

Un jour, un après-midi que j'étais allé seul, sous prétexte de chasser, promener mes rêveries dans la brousse, je m'égarai. Si je relate cet incident, ce n'est pas qu'il offre un bien grand intérêt, mais il m'est une occasion pour donner aux blancs qui excursionnent dans les grands bois, le conseil de ne jamais s'y aventurer sans un compagnon. Et que ce compagnon, ce cicerone, soit noir ou rouge — peu importe, — pourvu que ce soit un homme du pays. Avec lui vous aurez chance, d'abord de ne point sortir de la bonne piste, et, en admettant que vous dériviez quelque peu de la stricte direction, l'indigène saura, grâce à ce flair, à cet instinct de la brousse qui le caractérise, retrouver la voie, sans trop longtemps tâtonner.

Je suivais donc pas à pas un sentier où prudemment, tous les dix mètres à peu près, je marquais les arbres d'une encoche qui devait me servir de repère pour le retour, et j'avançais, grâce à cette manœuvre, en toute sécurité et tranquillité, quand, à très peu de distance, par delà un épais fourré, j'entendis quelqu'un qui sifflait.

J'écoutai, m'attendant à voir apparaître le siffleur ou tout au moins à percevoir le bruit de son passage... Le sifflement, — une ritournelle dont l'air ne me semblait point chose inconnue, — reprit de nouveau; mais l'homme (?) ne se montrait toujours pas :

— Martin? Tangléra? Aponchy? Ohé! qui de vous est là, m'écriai-je.

Rien. Nulle réponse à mon apostrophe.

Un Indien... ce doit être un Indien : telle fut la pensée qui me vint, et, intrigué et désireux de connaître le mystérieux siffleur je m'élançai, exclusivement absorbé par ma curiosité, dans la direction où je le supposais.

Je ne rencontrai personne... mais j'avais perdu ma route.

J'eus beau faire, j'eus beau tourner et virer sur moi-même dans tous les sens et de tous les bords, il me fut impossible de retrouver le tracé par où j'étais venu. Je me sentais de plus, absolument incapable même d'oser supposer que ce pouvait être plutôt de tel côté que de tel autre, que se trouvait la rivière où j'avais laissé les pirogues.

Pareille aventure est des plus fréquentes dans les forêts de la Guyane. Il suffit d'un moment d'inattention pour perdre le nord, et, comme de tous côtés, autour de vous, c'est la muraille immense des arbres séculaires qui se dresse, vous enclôt et vous enserre, comme au-dessus de votre tête, les feuilles et les branches forment une voûte épaisse et profonde que ne perce qu'une vague lueur de ciel à travers de rares déchirures, l'horizon se trouve ainsi supprimé de toutes parts; et, non seulement vous vous reconnaissez égaré et perdu, mais encore et de plus, vous subissez l'angoissante sensation d'être emprisonné, écrasé, étouffé!...

Dans de semblables conditions (de nombreux cas, avec trépas à l'appui, pourraient être cités comme

preuves), il arrive qu'un homme s'égare aussi définitivement et dangereusement quant aux suites,... à
un quart d'heure d'un campement ou d'une habitation, que s'il s'en trouvait éloigné de plusieurs
lieues. Il aura, au moment où il s'apercevra qu'il
ne sait plus sa route, une crise d'affolement et il
prendra, neuf fois sur dix, une mauvaise direction,
s'y jettera à corps perdu, et talonné par la peur et
l'anxiété, il ira, il ira, toujours marchant... toujours
s'éloignant... pour, sauf des exceptions très rares,...
ne jamais plus reparaître.

. . . .

Pour mon compte, après avoir vainement cherché
de toutes les façons à reconstituer mon itinéraire,
je pris, de guerre lasse, le parti de m'asseoir et d'attendre.

Il n'était pas loin de six heures, c'est-à-dire de la fin
du jour, quand enfin j'entendis des coups de fusil.
C'était évidemment un signal, un appel.

C'était mes hommes en effet qui, voyant la nuit
proche, commençaient à s'inquiéter de mon absence,
et se décidaient à m'indiquer l'emplacement de notre
campement en brûlant des cartouches.

Je fis moi-même parler la poudre pour leur indiquer
ma direction, tout en cheminant dans leur sens.

Guidés par nos salves réciproques, je les rencontrai
après trente minutes de marche environ, qui venaient en groupe à mon avance...

Je leur racontai la cause de mon infortune, l'incident bizarre qui m'avait fait perdre ma route, et
leur demandai quel pouvait bien être, d'après eux,
cet insaisissable siffleur.

— Mais c'est l'arada... et si, au lieu de crier et
de l'interpeller, vous lui aviez donné la réplique en

sifflant vous-même, c'est lui, de son plein gré, qui serait venu à vous, car il n'est nullement farouche.

— Mais encore qui ça, l'arada?

— Mais un oiseau, un tout petit oiseau à peine gros comme le poing avec ses plumes, ce qui ne l'empêche point de siffler tout comme un homme. Ah! il y en a bien d'autres que vous, et des malins, et moi-même, monologua Martin, qui s'y sont trompés et s'y trompent encore. Ce n'est qu'après coup qu'on se dit : « Tiens, c'est pas un homme qui se distrait en sifflant, c'est simplement un oiseau arada... »

... Le lendemain, au réveil, tout de mon long étendu, je me remémorais les événements de la veille quand, au-dessus de mon hamac, j'entendis un bruissement très doux, musical et léger, ressemblant quelque peu au ronflement, mais très atténué et harmonieux, d'un ventilateur dont les hélices tourneraient à toute vitesse, ou d'une toupie actionnée par un habile bras d'écolier.

Je regardai :

Ce son était produit par l'excessive rapidité du jeu qu'imprimait à ses ailes une toute petite miniature d'oiseau qui voletait autour d'une grappe de fleurs. C'était un merveilleux et minuscule oiseau-mouche. Par moment il s'arrêtait et, tout frissonnant dans le vide, s'immobilisait une seconde pour humer la rosée parfumée qui scintille au matin, sur la gorge fraîche des corolles.

J'admirais de tous mes yeux ce ravissant joyau animé, qui évoluait et se baignait dans un rayon de soleil levant, y déterminant des chatoiements de satin et des étincellements de pierres précieuses, et, désireux de prolonger cette gracieuse vision, j'évitais tout mouvement et retenais jusqu'à mon souffle pour ne point effrayer ni faire fuir le resplendissant oiselet...

Mais, sans respect pour la contemplation où je m'absorbais, Aponchy s'était approché et me tendait la coutumière tasse de café noir du matin. Il me priait de me lever au plus vite, afin qu'il pût paqueter mon hamac et apprêter les pirogues pour le départ.

— Je voudrais, m'expliqua-t-il, parvenir ce soir jusqu'aux grands sauts de l'embouchûre, et il nous faudrait ne point perdre de temps...

. . . .

Nos embarcations, vigoureusement propulsées par les bras des pagayeurs, étaient déjà loin du point de départ, quand, sur un banc de vase émergeant en pleine rivière, à cent mètres environ de nous, j'aperçus une douzaine d'oiseaux de blancheur éblouissante qui becquetaient le sol.

Je saisis mon fusil qui, dans la pirogue, se trouve toujours à portée de ma main :

— Mettez-y des cartouches numéro six, me dit Jeannette qui pagayait à l'avant, et passez-moi l'arme. Ce gibier-là et moi sommes de vieilles connaissances.

Une double détonation retentit : trois des volatils, pelotonnés comme des boules de neige et immobilisés par la mort, restèrent sur place.

— Beau coup de fusil! Bravo! criai-je à Jeannette qui déjà s'était mis à l'eau pour aller ramasser le butin.

— Ce sont des aigrettes panachées, dit-il en revenant au bateau. Voyez, docteur, comme c'est joli, comme c'est gracieux, comme c'est immaculé, comme c'est léger. Ce duvet-là, ces panaches-là, ça se vend des prix exhorbitants, jusqu'à trois mille francs le kilogramme, au Brésil. Ça sert à confectionner des plumets de colonels et des coiffures de Parisiennes. Je parie qu'aucune des jolies Européennes qui portent ces plumes amarrées gentiment dans leurs chapeaux, ne se doutent guère que la chasse aux inoffensives et pauvres bestioles que voici dans nos mains, constitue un des métiers les plus meurtriers.

C'est su et connu : chaque année, la chasse aux aigrettes fait plus de victimes que toutes les mâchoires associées de tous nos animaux féroces!

— Calmez-vous, Jeannette, lui dis-je, et gardez-vous des coups de soleil qui font déménager la raison. Vous exagérez vraiment d'une façon inquiétante.

— Pas du tout. Je sais ce que je dis, je n'exagère point. Je l'ai été, chasseur d'aigrettes..., deux ans... Oui, deux longues années. J'étais jeune, j'avais vingt-quatre ans. J'étais dans ce temps-là un gars solide, pas peureux, pouvant regarder n'importe qui dans le blanc des yeux. J'avais un tempérament à faire crever de fatigue un cheval qu'on aurait attelé à la même besogne que moi. Eh bien, au bout de ces vingt-quatre mois, j'étais fourbu, vidé, à bout, et j'ai bien failli laisser ma peau dans les vasières de Surinam. Pour être chasseur d'aigrettes, mais il faut, monsieur, avoir tué père et mère, ne croire ni à Dieu ni à diable, être un échappé de bagne ou d'enfer!...

— Donnez-moi au moins des explications, inter-vins-je; ce sera préférable à vos exclamations qui ne nous apprennent rien.

Il continua :

— L'aigrette se chasse au milieu des vases et des boues accumulées par les courants sur certains points de la côte. Les trois points principaux que je sais les meilleurs pour opérer, sont l'Oyapock, où le gibier pourchassé inintelligemment, détruit jusqu'en ses nids et ses œufs par les Indiens Palikours, a beaucoup diminué; la région de Counani au Brésil; et la rivière de Surinam.

« Une équipe de chasse se compose de quatre ou cinq hommes. Leur domicile est un canot, où tout le monde se retrouve le soir après la besogne du jour, après le coucher des aigrettes. Et c'est là que l'on dort, sur des lits qui manquent de moelleux : on les improvise en effet pour chaque nuit, avec des planches disposées en travers du bateau.

« Un des hommes reste spécialement attaché au bord. Il fait la cuisine et sur une coque, une barquette très légère, il a charge d'aller ravitailler, s'il le faut, ses compagnons pendant leurs heures de travail et de venir le soir les relever de leur poste d'affût. En dehors de ces allées et venues, il emploie le reste de son temps à écorcher rapidement et grossièrement les oiseaux occis la veille, et il fait sécher ces dépouilles intérieurement saupoudrées de cendres, en les exposant simplement aux rayons ardents du soleil.

« Le chasseur d'aigrettes ne peut opérer qu'au milieu de la boue, et à demi-agenouillé sur une planche de trente-trois centimètres de largeur environ et de deux mètres à deux mètres et demi de long, qui lui sert à se véhiculer. Sur ce support très réduit, se trouvent deux taquets : l'un, à l'avant, servant de point d'appui à la main et l'autre, à l'arrière, constituant une calle pour la pointe du pied. Un homme du métier manœuvre ce rudiment d'embarcation le plus facilement du monde : simplement en battant d'une de ses jambes l'élément vaseux où il se meut, il fait avancer ou reculer l'esquif avec aisance et rapidité.

C'est en évoluant ainsi, qu'il se met à la recherche du « champ d'aigrettes » où il doit accomplir son exploit de chaque jour.

« Cette découverte ne comporte guère de difficulté car, de très loin, le chasseur se trouve averti de l'emplacement qu'au milieu des palétuviers les aigrettes ont choisi pour apposer leurs nids, par un vacarme effroyable, un piaillement infernal. Il faut dire, à la décharge des aigrettes blanches, qu'elles ne sont point responsables seules, d'un tel tapage. Tous les hérons et échassiers de la création se sont en effet donnés rendez-vous dans ces champs de ponte commune : aigrettes endeuillées de noir, spatules au long bec s'élargissant à son extrémité, flammants roses dont le plumage magnifique rivalise d'éclat avec la pourpre atténuée des spatules, honorés divins qui montrent des ailes d'acier mordoré, savacous grisâtres et lustrés avec des reflets de soieries, et... encore d'autres, beaucoup d'autres, viennent en troupes étaler leurs splendeurs dans ces champs de palétuviers, dans ces cloaques qui, de loin, donnent, en dépit de la vase, l'illusion d'un parterre de fleurs de toutes nuances où malgré tout domine la blancheur des aigrettes.

« Les deux moments les plus favorables pour surprendre ces oiseaux et en faire une hécatombe, c'est le matin à l'aube et le soir au crépuscule. A l'aube, avant qu'ils se lèvent et ne quittent leur gîte boueux pour aller en mer chercher leur pâture quotidienne, et le soir, au crépuscule, quand ils ont déjà regagné leur rendez-vous terrestre et repris possession de leur « couchoir » habituel.

« Dans la journée, pour ne pas demeurer inactif, le chasseur fixe à portée de fusil, des « masques », des trompe-l'œil. Ce sont des branches de palétuviers implantées dans le limon du rivage et auxquelles sont suspendues des aigrettes empaillées qui, malfaitrices posthumes, servent à attirer à la mort, leurs congénères vivantes. Bien entendu, ce sont les mâles dont la parure est la plus riche qu'il faut de préférence viser.

« Un bon chasseur peut, à la suite d'une expédition fructueuse de deux à trois mois, (la bonne saison va de la fin de mai au commencement d'août), revenir avec plusieurs milliers de francs de gain.

« Mais, encore! au prix de quels sacrifices, de quelles vicissitudes, de quelles épreuves!...

« C'est le soleil, dont ne peut se défendre le patient cloué sur sa planche ou à son poste d'affût, qui dessèche l'épiderme, fendille la peau, brûle le crâne, incendie le cerveau, frappe et tue par l'insolation!

C'est la pluie qui survient, dense et lourde : la froidure après la chaleur! le refroidissement après la brûlure! puis, le frisson fatal qui prélude aux pneumonies mortelles!

Ce sont aussi les miasmes et les pestilences qui incessamment fermentent, s'élaborent dans ces fanges surchauffées et engendrent des fièvres pernicieuses dont les accès foudroient avec une inflexibilité de flèches empoisonnées.

Et plus que tout, ce sont enfin, toujours, en tout lieu, en tout temps, partout, sans cesse, sans trêve, sans repos, sans répit ni merci, des milliers et des milliers de moustiques et de maringouins. Ils forment une nuée épaisse, infernale, agressive, envahissante, qui s'agite, vole, bourdonne, se pose, pique, blesse, suce, énerve, torture, supplicie, affole la malheureuse victime. A grand'peine en équilibre sur les instables soutiens que lui procurent soit sa planche, soit les branches des grêles palétuviers auxquelles il s'accroche, l'homme, le patient sent son corps fouillé, son sang aspiré, sa chair martyrisée sans oser esquisser le moindre geste, le moindre mouvement de défense. Ses innombrables, incalculables et impitoyables bourreaux peuvent s'acharner sur lui, le transpercer sans miséricorde, il ne bougera pas, il ne remuera pas, car, rompre l'immobilité, essayer un mouvement trop prompt, ce serait peut-être un malencontreux plongeon dans les vases, ce serait les cartouches endommagées, ce serait le fusil encrassé, hors de service, ce serait la journée compromise, le salaire quotidien perdu...

« Je vous le jure, docteur, affirmait Jeannette, être chasseur d'aigrettes, c'est faire un métier terrible, atroce, inimaginable. Il faut avoir l'âme chevillée au corps pour n'en pas trépasser, et le cerveau rudement bien conditionné sous son crâne, pour n'en point devenir fou.

« J'ai connu trois pensionnaires de l'hôpital de Cayenne qui étaient tombés en démence, en se livrant à cette chasse.

« L'un d'eux, — il s'appelait Buchor, c'était pourtant un courageux petit mulâtre, — surpris par une marée plus forte que d'habitude, fut obligé, pour échapper à la mer montante, de se hisser dans les branches maigres et frêles d'un palétuvier peu solide. Il dut y passer la nuit : sans doute que, du canot, on avait perdu sa trace. Il n'osait essayer le moindre changement de position, de crainte de rompre son débile appui et non seulement il fut harcelé et dévoré par les moustiques dont la rage redouble avec les ténèbres, mais de plus, jusqu'au jour, il fut guetté par un jaguar affamé : le félin, à quelques vingt pas, rôdait par les palétuviers, sautant de souche en souche, grondant et attendant sans doute que la mer commençât à baisser, pour venir, après la gent des maringouins, prendre à son tour sa part du naufragé.

« ... Moi, je m'en suis tiré... pas trop mal, grâce peut-être aux pleines bonbonnes de schiste dont j'ai fait dépense pour m'enduire le corps de pétrole, plusieurs fois par jour, et des pieds à la tête : c'est le seul ingrédient, le schiste, qui, à ma connaissance, éloigne quelque peu les moustiques...

« C'est vieux d'ailleurs, tout çà, pas grandement intéressant pour vous et je ferais beaucoup mieux de n'y plus jamais penser », conclut philosophiquement Yo-Yo, qui ralluma sa pipe, reprit sa pagaie et, jusqu'à l'arrêt du soir, s'efforça de fumer, sans plus desserrer les dents.

CHAPITRE XXIV

Nous arrivâmes avec la nuit aux abords de ces mêmes sauts, qui s'échelonnent en sentinelles indéracinables à l'embouchure de l'Itany, et que nous avions eu tant de mal à franchir, en venant.

Nous nous endormîmes au bruit de la menace continue que leur terrible voix profère contre les téméraires qui s'apprêtent à passer malgré leur fureur.

Pour être tout autre qu'à la montée, le danger, à la descente, n'est pas moindre :

Il réside surtout dans la rapidité terrifiante avec laquelle vous emporte et vous secoue le courant qui se précipite avec l'irritation d'un coursier affolé de vitesse et de colère.

. . . .

... En quittant ces eaux de l'Itany, je ne pouvais me défendre d'une indéfinissable tristesse en pensant qu'en amont des barrières de rocs que nous venions de traverser sans encombre, de pauvres sauvages, chez qui pendant plusieurs mois j'avais rompu la cassave de l'hospitalité, vivraient et mourraient désormais dans leur monde inaccessible au mien, sans que plus jamais rien d'eux ne puisse parvenir jusqu'à moi...

... Enfin, après une dernière nuit passée sur une roché qui borde l'Awa et que les Indiens avaient utilisée

CARBETS D'ÉMERILLONS

GROUPE D'INDIENS ÉMERILLONS ET LE DOCTEUR TRIPOT

jadis comme polissoir, (on y voit encore les usures indélébiles qu'y creusait dans la pierre le frottement des armes à aiguiser), nous abordâmes en décembre à notre abatis de l'Ouaqui.

Mon collègue Saillard était toujours tenaillé par la fièvre et s'affaiblissait de plus en plus. Malgré son énergie et son désir de persister jusqu'au bout, il dut enfin se résigner à quitter ¹ haut Maroni. Je le confiai aux bons soin[illegible]nce de notre dévoué guide Aponchy, qui lui [illegible]re le fleuve dans sa propre pirogue, et ne le quitta qu'après l'avoir confié aux médecins de l'hôpital de Saint-Laurent.

... Cependant, Dutertre, qui explorait dans l'Araoua, ne rentrait point. Son absence se prolongeait au delà de nos prévisions : vraisemblablement il devait manquer de vivres, n'ayant emporté de provisions que pour deux mois à peine... Que devenait-il? Que lui était-il arrivé, dans ces régions de l'Araoua, dont nul pied humain n'avait foulé le sol avant lui? Nos inquiétudes sur son sort croissaient de jour en jour et je me préparais à partir à sa recherche et à tâcher de retrouver ses traces avec les quelques hommes qui me restaient sous la main, quand enfin, un soir, nous entendîmes sur l'eau un bruit de pagaies et un murmure de voix... Bientôt deux pirogues apparurent : c'était Dutertre avec ses huit hommes, tous amaigris, défaits, exténués, en loques (1).

Dutertre était fatigué au delà de toute expression : il avait souffert de fièvres excessives. Ses noirs le ramenaient presque de force, car avec sa ténacité de Breton et sa discipline de marin, il aurait voulu pro-

____

(1) Quelques-uns étaient atteints d'ulcérations appelées Pian, sortes de dartres qui se localisent surtout aux jambes, et auxquelles prédispose l'anémie contractée sous bois.

longer son incursion dans la direction des Tumuc-Humac, pendant quelques semaines encore...

Pendant que ces nouveaux arrivés se reposaient des fatigues de la dure campagne qu'ils venaient d'achever, je fus vivre quelque temps au milieu d'une tribu d'Indiens émerillons pas très éloignée de notre installation, et beaucoup moins sauvages que les Roucouyennes : c'était la seconde visite que je leur faisais, car, après le départ de Saillard, j'étais déjà allé leur demander l'hospitalité une première fois.

Ces Emerillons se sont fixés sur l'Awa, mais ils descendent de l'Approuague, qu'ils ont déserté, il y a un an à peine, après y avoir perdu, au cours d'une épidémie terrible, plus de la moitié de leur monde. Ces Peaux-Rouges ont eu quelques frottements avec les noirs qui vont à la recherche de l'or dans ces régions, et leur tamouchi (chef) Pachiolo comprend quelque peu le créole. J'en profitai pour tirer de lui des éclaircissements sur la façon dont les Indiens interprètent la création du monde et des hommes. Je me fis expliquer leurs coutumes, leurs légendes et leurs traditions.

Voici, d'après Pachiolo, l'origine des colorations différentes de la race humaine :

« Dans un très grand chaudron, Dieu fit bouillir de l'eau. Il y laissa tomber un de ces gros cancrelats qu'on appelle drapo-drapo. Il l'en retira presque aussitôt : sous l'action de la cuisson, la carapace noire et luisante de l'animal s'était détachée du corps. Dieu dit : « C'est à point. » Il fit alors signe à trois hommes de couleur indécise qui se tenaient immobiles et alignés à quelque distance. « Accourez et sautez « là dedans », leur dit Dieu, en désignant le liquide en ébullition.

« Le premier n'hésita point. Tête baissée il se précipita avec résolution dans la chaudière. Il en émergea ébouillanté, dépouillé, mais blanchi. Ce fut un homme blanc, un homme supérieur.

« Enhardi par l'exemple, le second s'approcha, mais lentement, et, sans grand enthousiasme, exécuta sa plongée dans le bain fatal. Il en sortit rouge, empourpré des pieds à la tête par le sang du précédent. Ce fut un Peau-Rouge.

« Le troisième cependant s'épouvantait de l'épreuve et ne pouvait se résoudre à effectuer le nécessaire plongeon. Il fallut que Dieu le morigénât. Tout cela prit du temps : l'eau s'était évaporée, réduite et concentrée. Elle était devenue épaisse, crasseuse et noirâtre. Aussi, de son bain trop différé, ce dernier patient se tira moins net qu'il n'était entré : son épiderme devint sombre, sale et noir. Ce fut le premier des nègres. »

Avant mon départ de son village, Pachiolo vint à moi : ses yeux étaient suppliants, son attitude énigmatique.

— Que désires-tu? lui demandai-je.

Il me tendit une calebasse où, dans du tafia et du jus de canne à sucre, flottaient des filaments blanchâtres que j'appris être des langues de « caciques ». Le cacique est un oiseau noir et or qui jacasse à longueur de journée et imite aisément la parole humaine.

— Je désire, dit-il, que le chef blanc fasse boire ce liquide à son frère rouge et pendant que je boirai, tu prononceras ces paroles : « Moi, piaye (sorcier) du pays des Français (Parachichi), je veux que Pachiolo, lorsqu'il aura bu ce breuvage, parle et comprenne aussi facilement que moi le français et toutes les langues que je sais. »

Je cite cet épisode pour montrer jusqu'à quel point

sont grandes la crédulité et la naïveté de ces peuplades indiennes.

. . . .

... Cependant 1907 s'éclipsait devant 1908. Notre mission était terminée. Dutertre avait repris quelques forces. Nous décidâmes donc de revenir prendre place chez les civilisés. Nos noirs aménagèrent à bord d'une pirogue un abri en feuilles de palmiers appelé « pomakari », sous lequel mon compagnon Dutertre put s'étendre et voyager avec un semblant de confortable.

Deux jours après notre départ de l'Ouaqui, nous passâmes la nuit chez un excellent homme, très hospitalier, à la mémoire duquel je dois un hommage mérité : c'était un blanc de la Martinique. Il se nommait Despointes. Il accrocha lui-même nos hamacs aux poutres de sa demeure et tint à nous préparer de ses propres mains un excellent repas.

Quand le lendemain, à la première heure, nous quittâmes son habitation de Coromontibo en lui souhaitant joie et santé, nous ne supposions pas que la fièvre et la mort étaient là, à son côté, se préparant à le coucher dans la tombe quelques jours à peine après notre départ.

... Je pus, par expérience personnelle, constater à notre retour dans Saint-Laurent, la cité du bagne, que la police n'y plaisante point. Pour profiter du jusant, nous avions par exception navigué de nuit, et, il était trois heures du matin quand notre pirogue accosta l'escalier du quai.

J'avais pris terre aussitôt et je pérégrinais dans les rues désertes en quête d'un logis pour Dutertre toujours très fatigué, quand deux agents de police, deux noirs, m'appréhendèrent d'abord et m'interpellèrent ensuite :

— D'où sortez-vous? Qui êtes-vous? Que faites-vou?

Je m'aperçus qu'on me prenait tout simplement pour un évadé du bagne.

C'était d'ailleurs presque un honneur me faire, car, déplorablement vêtu comme j'étais, avec des cheveux et une barbe non rasés depuis six mois, j'étais certainement beaucoup plus inélégant et d'aspect plus inquiétant que ne peut l'être un forçat en cours de peine, dont le crâne et la face sont toujours tondus de frais.

... De Saint-Laurent nous ralliâmes enfin Cayenne sur le *Fagersand,* un vapeur norwégien, commandé par un capitaine anglais, et utilisé par un subrécargue vénézuélien qui fait le commerce de bœufs entre les côtes du Brésil et les Guyanes.

Cayenne : la ville où les urubus, ces rapaces au plumage métallique et funèbre, mi-corbeaux, mi-vautours, se sont institués agents répurgateurs de la voierie..., Cayenne : que dire de Cayenne que je quittai en février sur le *Saint-Domingue,* mais où je devais revenir, après un court séjour en France, pour y compléter mes notes et observations de voyage et y parfaire cette étude de la Guyane?

Rien, à vrai dire, ne caractérise particulièrement Cayenne, et c'est justement cette absence de caractère qui la singularise au point de lui constituer une physionomie toute spéciale et un attrait des plus exclusifs :

Cayenne est une ville bizarre, une cité étrange, un gros village hétéroclite et incompréhensible qui déroute le jugement et désappointe l'opinion qu'on voudrait s'en faire.

Cayenne : c'est une incohérence de races, une confusion de couleurs, une tour de Babel des langues, une Babylone de vices d'importation, un capharnaüm de la famille, un imbroglio de la parenté, et c'est encore un repaire de placériens et de forçats, un gîte de puissance et d'avilissement, de resplendissement et de ténèbres, d'or et d'ordure !

Et dans ce grouillement de tous les spécimens humains, et dans ce charivari de tous les idiomes du monde, s'entreheurtent les figures et s'entrechoquent les voix de la multitude infinie et disparate que la condamnation au bagne ou la soif de l'or ont amassée et collectionnée dans ce lieu unique : Français, Anglais, Hollandais; Indiens, Hindous, Malgaches, Arabes, et Marocains; Turcs, Arméniens, et Syriens; Chinois, Sénégalais et Annamites : tous les peuples, toutes les civilisations et toutes les sauvageries, toutes les religions et les irréligions y ont des représentants.

... La parenté et ses divers degrés devient à Cayenne pour l'Européen qui cherche à en démêler le lien, une énigme laborieuse. L'union libre étant la règle, la fille-mère y abonde, et c'est de là que proviennent ces noms à désinences féminines dont sont accoutrés fréquemment des gaillards qui sont tout autres que des femmes. Louisa, Jeannette, pour ne citer que deux hommes connus de nos lecteurs, se trouvent avec beaucoup d'autres dans ce cas : comme nom patronymique, ils ont dû se contenter du prénom maternel, le père approximatif ayant fait défaut lors de l'enregistrement à l'état civil...

La constitution, très fantaisiste, de la famille guyannaise est vraiment faite pour déconcerter notre concept, à nous Français. Tout ce que je pourrais d'ailleurs ajouter à ce sujet n'aurait pas la valeur des quelques anecdotes que voici :

... A mon retour à Cayenne, je fus admis chez un vieux nègre habitant d'une des calles populeuses qui longent le canal Laussat. Ce brave homme me présenta son fils et la compagne de celui-ci, — deux personnes de couleur — unies de par leur seule volonté, sans l'assentiment du maire, en la forme de politesse alambiquée dont on use en ces milieux : « Monsieur mon fils et mademoiselle sa femme. »

A la « gaule », à la jupe de « mademoiselle sa femme » étaient accrochées les menottes de trois enfants en bas âge. Je m'extasiai sur la gentillesse de la plus jeune : une fillette, petite tête frisée, presque blonde avec des yeux presque bleus. La mère se crut obligée à des explications et, sans la moindre gêne, — à son sens d'ailleurs il n'y avait rien dans ce qu'elle m'apprenait qui fût désobligeant pour sa fierté, — elle me confia que sa grande fille était née d'une généreux Martiniquais qui l'avait reconnue et la pensionnait mensuellement. « Mon garçon, ajoutait-elle, je l'ai « gagné » en « bêtisant » avec un négociant de Cayenne, et la dernière, la toute petite, Tilia, c'est la fille d'un officier, d'un Français. »

Je considérais cette dernière et mignonne pauvrette et je ne pouvais me défendre contre une tristesse envahissante, en songeant à la destinée qui serait la sienne dans le milieu hétéroclite où l'avait jetée, comme une épave à l'aventure, la brutalité d'un enlacement de hasard...

... Cette naïve et sincère impudeur se retrouve entière et la même dans la classe enrichie et passant pour éduquée.

Un placérien fortuné, sortant de nos écoles de France, très européanisé, ne voit aucun inconvénient, lorsqu'il vous met en présence de la mère de sa femme, une noire, à vous l'annoncer ainsi : « Mademoiselle Dorinne, ma belle-mère. »

Enfin, j'ai encore dans ma mémoire le texte d'un certificat légalisé qu'avait délivré un maire d'une petite commune à une servante que nous avions gagée à Saint-Laurent, comme lavandière : « Je certifie, y disait l'officier ministériel, que mademoiselle Nounoune est d'une honnêteté et d'une moralité parfaites. C'est une « jeune fille » de conduite exemplaire, très travailleuse, très méritante et qui élève au mieux ses quatre enfants... » (!...?...)

... Jamais il ne viendra à l'esprit d'un Guyanais d'incriminer sa mère de n'avoir point su lui octroyer de père. Les enfants d'une même femme, malgré leurs origines paternelles différentes, vivent dans l'union la plus fraternelle, et la mère, pour un noir, quels que soient ses avatars conjugaux, demeure quand même l'être le plus sacré qui soit. Vous pouvez parfois injurier, rudoyer, frapper même certains nègres sans qu'ils se révoltent; mais gardez-vous d'insulter leur mère, car alors l'agneau se transforme : instantanément il se fait enragé et c'est alors lui qui tape, griffe, mord et ensanglante... sans plus vouloir s'arrêter...

. . . .

... Malgré toutes ces imperfections, toutes ces anomalies, toutes ces contradictions, tous ces « déséquilibres », — peut-être même grâce à tout cela, — il existe entre tous ces ramassis de peuples entassés dans Cayenne, et du haut en bas de l'échelle sociale, une espèce d'égalité d'essence bien locale, qui ne va pas jusqu'à la fraternité, mais qui encore ne se retrouve nulle part ailleurs aux Amériques.

A Cayenne, on suppute, on jauge un homme, sans tenir compte de sa couleur, de sa nationalité, ni même, il faut le dire, de son honorabilité : il n'y a qu'une

mesure, qu'un étalon qui serve à peser un individu,
à apprécier sa valeur, et cette unité de comparaison,
ce poids seul admis... c'est l'or!... l'or!... : l'or éclatant
qui hypnotise les yeux et interdit de critiquer la couleur des doigts qui le détiennent, de suspecter l'origine de qui le possède, d'incriminer la conscience de
qui en dispose....; l'or, levier souvent criminel, toujours puissant et superbe, qui avilit et abaisse, mais
qui aussi anoblit et grandit...; l'or, enfin, métal fatal
que l'on bénit ou qu'on maudit, selon le geste de la
main qui le sème à travers la route...

CHAPITRE XXV

Voici comment Pachiolo, chef et prêtre chez les
Emerillons, s'imagine la formation du monde et la
création de l'homme.

Je traduis tel qu'il me fut fait, sans rien y ajouter
ni retrancher, son récit qui n'offre d'ailleurs point
d'autre intérêt que d'avoir quelques points de similitude avec les traditions bibliques.

Comme les livres hébraïques, la légende indienne
fait mention d'un serpent funeste et fatal et d'une
prohibition divine imposée comme épreuve à l'homme,
qui s'empresse d'ailleurs de l'enfreindre et s'attire
ainsi nécessairement, les foudres vengeresses de son
créateur...

. . . .

« Dans les vastes espaces des airs, seul vivait
et régnait le Grand Esprit, le Dieu puissant qu'honorent les piayes, Maître de la vie, Maître de la mort.

« Un jour qu'il s'ennuyait d'être isolé dans l'univers
immense, le Maître des choses décida de créer l'homme :
« Mes yeux, se dit Dieu à lui-même, le verront chasser,
« mes oreilles l'entendront prier, ma bouche goûtera
« ses offrandes... et cela me réjouira. »

« Dieu créa d'abord un domaine pour l'homme.

Il cracha par l'espace et sa salive fut l'eau des criques et des fleuves; il s'arracha du crâne un bouquet de poils qu'il sema au vent et cela devint des herbes, des arbrisseaux et des arbres. Puis il souffla sur son œuvre et son haleine, source de vie, féconda les eaux qui engendrèrent des poissons, les arbres qui enfantèrent des oiseaux et des singes; elle fertilisa aussi les gazons qui produisirent les animaux qui vivent à terre.

« Le grand Esprit ordonna alors à tous les vers de vase de se réunir à ses pieds. Il étendit sur eux ses mains redoutables, il prononça des incantations sacrées, il les piaya et en fit des hommes.

« Et il leur dit : « Je veux que vous soyez heureux, « tout est à vous, tout est pour vous, et l'eau des « criques, et la verdure des végétaux. Buvez, mangez, « pullulez, ne vous faites point la guerre. »

« Et ces hommes, qui étaient des vers, eussent été d'heureuses créatures si une couleuvre aussi grosse qu'elle était vorace et aussi longue qu'elle était cruelle, ne leur eût chaque jour donné la chasse pour s'en rassasier...

« ... Bon Dieu, s'écrièrent les hommes, tu nous « avais promis le bonheur et nous sommes bien « malheureux. Si tu nous veux de la joie, exter- « mine au plus vite la « mauvaise bête (1) » qui nous « torture et nous mange à longueur de jours... »

« Leur plainte était si forte qu'elle arriva jusqu'à l'oreille de celui qui peut tout. Il mit la tête hors de son nuage et dit à la race des hommes :

« Soit, j'exterminerai la couleuvre, mais malheur

(1) Ni les noirs, ni les Indiens ne désignent un serpent par son nom spécial : cela porterait malheur. On se contente de dire : une mauvaise bête.

« à celui qui touchera à ses restes, malheur à ceux
« qui porteront la dent sur sa dépouille. J'ai dit.
« Et si vous enfreignez ma défense, les plus grandes
« calamités s'appesant'ront sur vos cases, et, lourde
« comme une montagne d'effroi, ma vengeance s'alour-
« dira sur vos têtes... J'ai dit!... »

« La couleuvre se tenait à l'affût « lovée » (en-
roulée), prête à se détendre et à happer les hommes
au passage, quand un éclair issu du regard de Celui
qui est le Tonnerre, lui supprima d'un seul coup la
malfaisance et la vie.

« Et les hommes qui survivaient — ces hommes
étaient demeurés des vers — se mirent à danser et
à chanter des danses et des chants de guerre autour
de ce cadavre ennemi... Puis ils burent du cachiri,
puis ils s'enivrèrent et oublieux de la défense Divine,
ils se ruèrent sur le grand corps qui ne remuait plus
et ils s'en repurent et ils en dévorèrent même les os.

« Foudroyante comme une tempête, la colère du
Grand Esprit se déchaîna sur les coupables et tous,
empoisonnés par la pourriture de la bête immonde,
tous moururent..., tous, sauf un ver, un seul, l'unique
qui eût observé l'interdiction faite par Dieu.

« ... Mais ce survivant, ainsi qu'un voyageur qui
se sentirait perdu dans les profondeurs ignorées
d'une brousse insondable, se prit à se désespérer
et à gémir et à se lamenter sur lui-même et sur les
autres... et à implorer grâce et pardon pour le péché
de ses frères morts... :

« Esprit très clément et très bon, suppliait-il
« du jour à la nuit et de la nuit au jour, que veux-tu
« que je devienne maintenant tout seul dans le monde
« si vaste et si grand... sans frères, sans amis, sans
« père et sans fils?... Fais-moi plutôt périr moi aussi,...

« ou ressucite tous les miens qui sont morts?... »

« Et le pauvre ver, qui était un homme, pleurait tant de larmes que Dieu eut pitié :

« Allume un bûcher, ordonna-t-il au pleureur, « et dans ce bûcher fais brûler les corps de tes tré- « passés... Et, quand le feu, qui purifie, aura fait de la « cendre grise, collecte cette cendre dans une cale- « basse vierge et vas, en plein air, l'exposer sous mon « ciel et sur le passage d'un rayon de mon soleil. »

« ... Dieu arrosa avec de la pluie les cendres chaudes de la calebasse mortuaire et, au bout de quelques minutes, il se fit une fermentation et un grouille- ment de vie dans le récipient humide et ensoleillé... et de la cendre ainsi fructifiée, renaquit une nouvelle génération d'hommes rouges.

« Mais, pas plus que les précédents, ces derniers — dont nous sommes — ne furent parfaits, ni heureux... dit en terminant Pachiolo, le piaye Emerillon...

. . . .

Dans les âges passées, les Roucouyennes durent être d'inquiétants voisins et de terribles adversaires pour les autres tribus indiennes. On peut en juger par la légende suivante qui a cours chez les Emerillons où je l'ai recueillie :

« En ce temps-là, il y a longtemps, bien long- temps, — des lunes et encore des lunes se sont suc- cédées depuis, — les Emerillons furent décimés par des fléaux et des épidémies qui abattirent les hommes comme la pluie d'orage abat les moustiques.

« On eut beau déplacer les villages, rien ne détour- nait l'acharnement des mauvais sorts : les Emerillons mouraient par masse. Guerriers, vieillards, enfants et femmes, tous étaient fauchés sans miséricorde. Et de tant de monde il ne resta bientôt plus qu'une famille, une pauvre famille dont le chef était. un vieux piaye très triste, très mélancolique et très sombre.

« Tous ces décès accumulés autour de lui l'avaient jeté dans une prostation profonde et un désespoir sans borne. Il resta un mois sans boire, il resta deux mois sans manger, mais quand même il ne mourut point.

« Puisque le Grand Esprit, dit-il, après ces épreu-
« ves, ne veut point que j'entre dans les sentiers
« de la mort, je vivrai donc... »

« Et il se mit au travail.

« Aidé de ses fils et de ses filles, il entassa en un bûcher immense, une énorme quantité de palmiers-pinots récoltés dans les marécages d'alentour. Il y mit le feu et obtint, grâce aux flammes dévorantes, un véritable monticule de cendres; et ces cendres sont considérées comme précieuses, à cause du sel qu'engendrent les tiges incinérées dont elles proviennent. Et dès lors, sur cette éminence, issue du brasier, le vieux piaye s'étant accroupi, il y demeura aussi longtemps que peut durer la moitié de la vie d'un homme et pendant tout ce laps de temps, il pétrissait, il malaxait, il façonnait, il sculptait avec cette terre, cette cendre plutôt, des statues d'hommes et de femmes... et, de ces statues, il fabriqua des milliers et des milliers, il en fit autant qu'on peut compter d'arbres sur les rives allongées des fleuves Oyapock et Inini... et il les alignait, et cela ressemblait tellement à des rangées d'hommes que de loin on eût cru voir une armée réelle de Peaux-Rouges.

« Mais, hélas, hélas, cela ne vivait point!

« Et l'antique et laborieux artiste se lamentait, et il frappait sa vieille poitrine, et il clamait :

UNE MULATRESSE CAYENNAISE EN COSTUME LOCAL

« Bon Dieu, bon Dieu, mais aie donc pitié de
« ton travailleur. J'ai composé avec la sueur de mes
« membres et avec la cendre salée des palmiers, des
« hommes merveilleux de formes, des hommes qui
« sont plus beaux que nature, des hommes qui
« feraient des guerriers superbes pour relever le pres-
« tige affaibli de la tribu. Mais, misère de moi, j'ai
« beau faire, j'ai beau vouloir, ils ne bougent point,
« ils ne parlent point, ils ne marchent point, ils ne
« sauront jamais vivre!

« Toi qui dispenses la vie, toi, Tout-Puissant, je
« t'en supplie, anime-les! Anime-les! Prends mon
« sang s'il le faut, et donne le leur. »

« ... Son désespoir était si grand que Dieu s'apitoya.
Il apparut nimbé de soleil et dit au vieil Emerillon :

« — Tu y tiens donc beaucoup à ce que tes statues
« vivent? »

« — Oui, je veux qu'elles vivent. »

« — Tu regretteras tôt ton vœu de les voir vi-
« vantes; mais il sera trop tard. »

« — Je veux qu'elles vivent... »

« — Réfléchis, pauvre et vieux brave homme;
« reviens sur ta décision. Quand ces statues qui sont
« ton œuvre seront vivantes, elles seront la torture
« de ton âme et le tourment de ta vie. Elles te sus-
« citeront ennuis sur ennuis, avanies sur avanies! »

« Pour la troisième fois l'homme, avec entêtement,
répéta :

« — Je veux qu'elles vivent. »

« — Eh bien, soit, ô insensé, cria Dieu, donne
« tes mains. »

« Dieu lui fit passer dans les doigts tout une provision de son fluide vital et il lui dit :

« — Vas, cours à tes figures sacrilèges. Appose-leur

« ton index sur le front, elles verront, parleront et
« s'agiteront... Vas, tu l'auras voulu, mais que dans
« l'avenir tu m'évites ta plainte. »

« ... Il advint ce qu'avait prédit le Grand-Esprit.

« Les œuvres divines ne sont pas toujours parfaites, mais l'œuvre de l'homme est de toute nécessité
maudite, et, toute cette génération créée par une
volonté humaine, fut une race criminelle et perverse.

« Ces nouveaux vivants furent barbares, libertins
et ivrognes; perfides, ingrats, sans foi ni loi. Ils em-
ployèrent toute leur intelligence à fabriquer des outils
de meurtre et à inventer des systèmes de pillage et
de vol.

« Ils n'eurent aucune qualité, mais par contre
tous les défauts tous les vices.

« Jamais leur oisiveté ne sut s'accomoder d'aucun
travail et quand ils eurent dévasté les abatis et
englouti les provisions des Emerillons leurs hôtes,
ils s'efforcèrent de les assassiner pour se repaître de
leur chair, et leur sauvagerie était telle qu'ils dévorèrent même leurs propres enfants plutôt que de
s'astreindre à la chasse par les forêts, ou à la pêche
par les rivières.

« Les Emerillons durent les fuir comme on fuit
des bêtes féroces.

« Une nuit, leur imprudent créateur, le vieux
piaye statuaire, chargea sans bruit sur sa pirogue
les urnes où dorment la poussière des ancêtres, puis,
suivi par ses fils, il s'enfuit par le courant du fleuve,
en vouant à la malédiction de Dieu l'engeance
effrayante qu'il avait fabriquée de ses mains téméraires
et démentes...

« Et ces êtres infernaux continuèrent à s'entretuer
et à s'entre-dévorer entre eux, mais sans toutefois

UNE PIROGUE DE PEAUX ROUGES ROUCOUYENNES

LE « PIAYE » PACHIOLO ET SA FAMILLE

jamais s'anéantir... Même ils se multiplièrent avec l'abondance et la facilité des mauvaises herbes, et ces adorateurs du diable, qui ignorent l'esprit de bonté et ne connaissent que Yoloch, le Dieu du mal, ce sont les Roucouyennes...; les Roucouyennes, progéniture de brigands, qui, de nos jours, occupent les rives des criques fertiles où vivaient autrefois nos propres et honnêtes aïeux à nous...

. . . .

Et si cette légende, qui n'est rien moins que flatteuse pour les Indiens de l'Itany, est vraiment le reflet de l'opinion que les Emerillons professent à l'endroit des Roucoûyennes, il faut avouer que ces derniers, s'ils la connaissent, n'ont pas lieu d'en être très fiers ni très satisfaits...

. . . .

CHAPITRE XXVI

Conclusion : Qu'attendre des Peaux-Rouges? — Rien au point
de vue économique. — Laissons-les s'éteindre en paix.

Devant le déploiement insolite de magnificences
que perçurent mes yeux durant ce voyage inoubliable,
il m'est plusieurs fois advenu, pendant les lourdes
siestes des heures trop chaudes, de songer, de « rêver »
que cette région si tourmentée du globe, avait due
être le creuset d'essai où la Nature créatrice avait
primitivement mélangé, broyé, amalgammé ses plus
vives couleurs, et pétri, façonné et peint des ébauches
d'êtres excessifs de formes avant de les répandre, en
les atténuant, sur le reste du Monde.

Les insectes, les chenilles, les papillons et les
reptiles y ont des irradiations de pierre précieuse et
des fantaisies de structure inconcevables...

Le plumage des oiseaux y étincelle de reflets plus
radieux, plus riches et plus variés que les colorations
les plus pures des arcs-en-ciel...

Certains animaux y revêtent des étrangetés de
contours et des extravagances de conformation qui
sont de réelles réminiscences de la faune antédi-
luvienne...

La forêt équatoriale elle-même enfante en ses profondeurs, des essences merveilleusement nuancées
dont le bois jusqu'en ses moelles, se montre veiné
de mouchetures précieuses de toutes teintes, et dont

la géante frondaison s'élance au ciel, empanachée de multiples orchidées aux floraisons déconcertantes et bizarres...

Tout, sur ce sol de mystère dont les flancs recèlent à l'état natif le redoutable et précieux métal pour la conquête duquel se passionnent et s'agitent les masses humaines, tout, sur cette terre presque inconnue encore, dépasse les limites habituelles, tout s'évade des proportions entrevues par ailleurs..., tout étonne, tout déroute et stupéfie...

Aussi les sensations perçues pendant le « rêve » peuvent-elles, sans grand effort ni grande difficulté, être admises, à l'éveil, comme l'expression peut-être un peu poétisée, peut-être un peu surfaite, mais quand même sincère, de la manifeste et claire réalité.

. . . .

...-Au point de vue économique, il n'y a rien à espérer, rien à attendre des Indiens, rien à glaner dans le pays qu'ils habitent, du moins en l'état actuel des choses.

Les civilisés pourraient peut-être y venir quérir des produits d'échange. Ils n'y viendront point, ils n'y viendront jamais, car les sauts qui hérissent l'entrée de l'Itany — sans compter tous ceux qui, au préalable, pavent le parcours du bas Maroni — constituent une barrière infranchissable qui vite découragerait les volontés les mieux trempées. Et puis l'Européen (1), sous ces climats d'exagération, ne peut vivre longtemps sans être terrassé par la fièvre et courir le risque de mort s'il s'y obstine et s'y maintient.

Seule, la soif dévorante de l'or, *auri sacra fames*,

____

(1) Européen dans la bouche des noirs guyanais est l'épithète qui s'applique au blanc, en général, sans trop se soucier s'il est d'Europe ou d'Amérique.

pourrait forcer de tels obstacles, mais il n'y a pas d'or dans la partie haute de l'Itany, ou si peu, que l'exploitation n'en donnerait aucune satisfaction.

De leur côté, les Indiens, eux, jamais ne descendront leur fleuve pour venir apporter jusqu'à nous les productions de leur sol ou de leur très réduite et primitive industrie. Ils sont trop insouciants pour chercher à accroître leur bien-être en entreprenant le négoce avec les blancs.

D'ailleurs, mieux vaut pour eux, en fin de compte, qu'ils s'abstiennent de toute relation avec nous. Qu'y gagneraient-ils? Tout simplement la perte de leur indépendance actuelle, indépendance qui tient à ce que le champ des choses et des objets nécessaires à leur satisfaction est des plus restreints. Le jour où, par suite de notre fréquentation, ils verraient s'augmenter le cercle de leurs désirs et de leurs appétits, ce jour-là ils devraient le noter dans leurs archives de sauvages, comme un jour noir et néfaste, comme une date de malheur et de misère : car ce serait, avec le tafia qu'ils réclameront en rémunération de leur travail ou de leur apport, la destruction qui pénétrera sous leur case..., et, avec l'ivrognerie, ce sera de plus la disparition rapide des quelques qualités qui sont encore l'apanage de cette race, qui va s'éteignant chaque jour, comme valeur et comme nombre.

Donc, en aucun cas, le Peau-Rouge ne saurait gagner au contact du blanc. Il n'y aurait, dans un tel commerce, que déficit pour lui, sans nul avantage pour nous.

Laissons donc à leur pays, à leurs vieux us, à leurs vieilles coutumes, ces derniers spécimens d'une race qui va finir.

Il faut simplement considérer et se représenter ce

coin de terre, séparé du reste du globe par des barrières matérielles et psychiques, comme un théâtre
des premiers temps du monde, parvenu jusqu'à nous
à travers les siècles accumulés, théâtre où quotidiennement encore, de nos jours, se reproduisent et
se jouent des scènes de la vie primitive, par des
acteurs émanant d'époques oubliées.

... Et seuls, quelques artistes curieux d'antiquités
humaines et évocateurs des âges disparus, oseront
venir, tels le Dante s'enfonçant aux Enfers, à travers
mille et mille difficultés, soulever, avec piété et avidité, un coin du voile qui nous cache en leur cadre
de nature inviolée, ces hommes aux étranges épi-
dermes de pourpre.

.   .   .   .

... Et quand ces mystiques et rares explorateurs
seront de retour de leur lointain pèlerinage, avec au
front la tristesse qui sied au sortir des nécropoles,
ils diront, — j'en suis garant — à tous ceux qui, pour
« savoir », accoureront à leur rencontre, — nouvellistes
en quête d'informations ou marchands s'empressant
au trafic, — ils diront en baissant la voix :

« Parlez bas, vous tous, faites silence sur les morts,
silence sur les derniers Indiens. Laissez expirer en
paix, sans troubler leur heure dernière par des tirades
importunes ou des commerces illusoires, ces ultimes
fils de l'antique nature; ne troublez point l'agonie de
ceux qui, là-bas, sur la bordure des forêts vierges et
séculaires, achèvent, sans bruit, sans révolte et sans
plainte, de s'éteindre avec leur race!... »

.   .   .   .

FIN

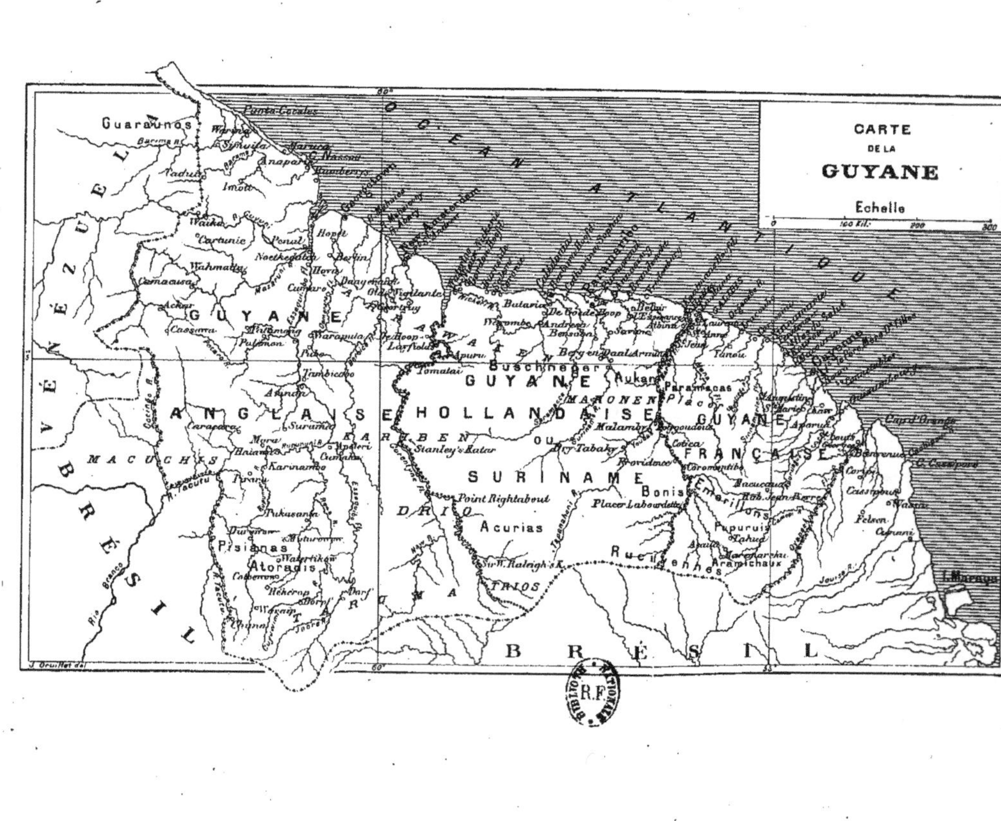

CARTE
DE LA
GUYANE
Echelle
100 Kil.   200   300
OCÉAN ATLANTIQUE
VÉNÉZUELA
BRÉSIL
GUYANE ANGLAISE
GUYANE HOLLANDAISE ou SURINAME
GUYANE FRANÇAISE
Guaraunos
Punta Corales
MACUCHIS
ATORADIS
Pisianas
SURINAME
TRIOS
BRÉSIL
I. Maraya
Cap d'Orange
J. Bruillet del.

ERRATA

Page 246, septième ligne, vingt-troisième ligne et première
ligne de la note; page 247, quinzième ligne, *au lieu de*
Geoffroy, *lire* Guffroy.

TABLE DES GRAVURES

TABLE DES MATIÈRES

CHAPITRE XIII

CHAPITRE XIV

CHAPITRE XV

CHAPITRE XVI

CHAPITRE XVII

CHAPITRE XVIII

CHAPITRE XXV

CHAPITRE XXVI

PARIS

TYPOGRAPHIE PLON-NOURRIT ET Cⁱᵉ

8, RUE GARANCIÈRE

A LA MÊME LIBRAIRIE

A travers l'Amérique équatoriale. **Le Pérou,** par Auguste PLANE. 2ᵉ édition. Un vol. in-16 avec 23 gravures hors texte et 2 cartes. . . . . 4 fr.

A travers l'Amérique équatoriale. **L'Amazonie,** par A. PLANE. 2ᵉ édition. Un vol. in-16 avec 15 gravures hors texte et deux cartes. . . . . 4 fr.

Australie. *Voyage autour du monde,* par le comte DE BEAUVOIR. Un vol. in-18 jésus. . . . . 4 fr.
(Couronné par l'Académie française.)

La Guyane inconnue. *Voyage à l'intérieur de la Guyane française,* par A. BORDEAUX. Un vol. in-16. 3 fr. 50
(Couronné par l'Académie française, prix Montyon.)

La Main-d'œuvre dans les Guyanes, par Jean DUCHESNE-FOURNET. Un vol. in-8ᵒ avec un portrait en héliogravure et une carte. . . . . 6 fr.

L'Empire du travail. *La Vie aux États-Unis,* par ANADOLI. Un vol. in-16. . . . . 2 fr. 50

Le Paraguay, par le docteur E. DE BOURGADE LA DARDYE. Ouvrage renfermant 26 gravures et une grande carte du Paraguay. Un vol. in-18. . . . . 4 fr.

Outre-Mer, par Paul BOURGET, de l'Académie française. Deux volumes in-16. . . . . 7 fr.

Chez les Français du Canada, par Jean LIONNET. 3ᵉ édition. Un vol. in-16 . . . . 3 fr. 50
(Couronné par l'Académie française, prix Sobrier-Arnould.)

L'Envers des États-Unis, par F. MOREAU. 2ᵉ édition. Un vol. in-16. . . . . 3 fr. 50

Pages détachées. *Notes de voyage — au Sénégal — le Détroit de Magellan — Tahiti et les îles sous le Vent — îles Marquises — l'Océanie centrale,* par Paul CLAVERIE. Un vol. in-18. . . . . 3 fr. 50

A travers l'Amérique du Sud, par J. DELEBECQUE. Un vol. in-16 avec 3 cartes et 17 gravures. . . . . 4 fr.

Au Pays de « la Vie intense », par l'Abbé Félix KLEIN. professeur à l'Institut catholique de Paris. Un vol. in-16. . . . . 3 fr. 50
(Couronné par l'Académie française, prix Montyon.)

Onze mois au Mexique et au Centre-Amérique, par LAMBERT DE SAINTE-CROIX. Un vol. in-18 accompagné de gravures et d'une carte. . . . . 4 fr.

Paris. — Typ. Plon-Nourrit et Cⁱᵉ, 8, rue Garancière.— 13190.

www.ingramcontent.com/pod-product-compliance
Lightning Source LLC
Chambersburg PA
CBHW051231050726
47594CB00001B/121